INNOVATION, DRAMA AND MANAGEMENT

上一堂EMBA戲劇課

學會創意領導、展現團隊合作
一窺全球頂尖商學院培育優秀領導人的方法

政治大學EMBA【創意、戲劇與管理課程】助理教授
劉長灝、郎祖明——著

政大EMBA「創意、戲劇與管理」大事記

2004

- 政大EMBA開設「創意、戲劇與管理」課程
- 第一屆「戲劇呈現」，演出「綠光劇團」《人間條件一》片段

女主角之一前光泉牧場股份有限公司監察人葉淑貞與郎祖明老師。

2005

- 第二屆「戲劇呈現」，演出「綠光劇團」的《領帶與高跟鞋》

前政大EMBA執行長樓永堅教授（右）開演前表演國標舞的造型。

2006

- 正式將「戲劇呈現」命名為「秋賞」，並擴大辦理
- 9月30日，第一屆「秋賞」正式演出「蘭陵劇坊」的《荷珠新配》

《荷珠新配》演出邀請卡。

2007

- 《歡樂HOHO節》嘗試以節慶為主題自由創作，內容類似同樂會

2007年秋賞節目單。

2008

- 以肢體劇場形式演出法國知名文本《小王子》

2008年秋賞海報。

2009

- 10月25日，政大EMBA獨有的生命故事之「秋賞」正式上演
- 「秋賞」主題：**咱ㄟ代誌**

2009年秋賞DVD封面。

2010

- 「秋賞」在政大商學院國際會議廳演出
- 「秋賞」主題：**就是因為愛**

2010年秋賞海報。

2011

- 「秋賞」第一次在專業劇場演出，地點在政大傳播學院劇場
- 「秋賞」主題：**為了幸福，選擇離開**

2011年秋賞海報。

政大EMBA「創意、戲劇與管理」大事記

2012

- 「秋賞」地點一樣在政大傳播學院劇場
- 「秋賞」主題：**人生五味作伙「喬」**

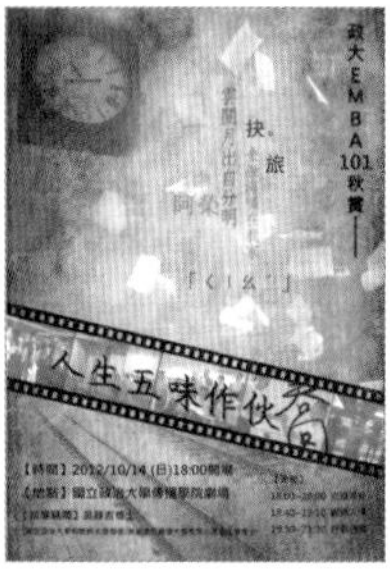

2012年秋賞節目單。

2013

- 「秋賞」改在政大藝文中心三樓視聽館演出
- 「秋賞」主題：**不再錯過人生風景**

2013年秋賞節目單。

2014

- 11月1日，「秋賞」第一次在政大水岸劇場戶外演出
- 「秋賞」主題：**跟過去說對不起**

2014年秋賞唯一的一場戶外環境劇場。

2015

- 「秋賞」回到政大藝文中心三樓視聽館演出
- 「秋賞」主題：**遇見陌生的自己**

2015年秋賞節目單。

2016

- 「秋賞」在更大、更專業的政大藝文中心大禮堂演出
- 「秋賞」主題：**那些潮濕的記憶**

2016年秋賞海報。

2017

- 「秋賞」持續在政大藝文中心大禮堂演出
- 「秋賞」主題：**老天鵝啊開什麼玩笑**

2017年秋賞海報。

2018

- 因為檔期因素回到政大藝文中心三樓視聽館演出
- 「秋賞」主題：**親・愛的，有那麼難嗎？**

2018年秋賞海報。

目錄

Chapter 2

演出

目錄

Chapter 3

幕落

導讀

創意、戲劇與管理的三角貼身關係

文／吳靜吉

《全球主義者》（The Globalist）是以「探索世界如何攜手前行」為其使命的線上雜誌。二〇一九年六月，社長兼總編輯李察・菲利普斯（Richard Phillips）寫了一篇名為《南希・裴洛西的哈姆雷特時刻》（Nancy Pelosi's Hamlet Moment）的文章。這篇文章要講的是美國眾議院議長裴洛西正面臨一個進退兩難的決策，菲利普斯認為這個決策是「彈劾還是不彈劾（川普）：正是問題所在」（To Impeach or not to impeach. That is the question.）。

To be, or not to be

這樣的句型或說法是起源自《哈姆雷特》在第三幕第一場開始時的獨白「To be, or not to be: that is the question」，學者和導演通常都會依照自己的詮釋來說明「To be, or not to be」的意義。在中文翻譯方面也有十幾種版本，但大部分都會同意這是哈姆雷特對「生」「死」關頭的哲學性思考。

著作等身的心理學家賽猛吞（Dean Simonton）也發表幾篇論文，研究莎士比亞的生命故事和創意劇本等，他同時也研究歷史上的各種創意人，其中之一就是探討為什麼有些創意人，如莎士比亞較能廣獲名聲。原因之一是莎士比亞擁有許多被借用轉化的名言，例如「To be, or not to be」。

二〇一六年英國在紀念莎士比亞逝世四百週年時，BBC的一個節目找來曾經扮演哈姆雷特角色的演員們，一個個陸續上臺獨白這句名言，精彩無比。最後則由查爾斯王子壓軸獨白，「笑」果奇佳。他是貨真價實的王子，也一直面臨「To be, or not to be」的時刻。

以前在美國演講時，我偶爾也會選擇某些時機引用這句話幫我解圍，可見這句名言的普及性。

世界是一座舞臺

莎士比亞另一句名言「世界是一座舞臺」也同樣廣被引用。當然他的劇本也一再被不同國家和時代的導演重新詮釋與搬演，而且也列入教科書的選讀。的確，正如他的名言：「世界是一座舞臺，所有男女都只是演員；各有其出場和入場；每個人皆扮演許多角色」。

我們從小就會玩家家酒，搬演戲劇，打開電視我們看到不只電視劇，連新聞都是戲劇。家裡每天也都在搬演戲劇，每個人都扮演著各自的角色。學校、教會、廟堂、娛樂場所等任何一個地方都是舞臺。所有商場也是舞臺，政治人物幾乎時時刻刻都在「政治舞臺」上扮演角色，演出各種戲碼。

大學開設「莎士比亞與管理和領導」課程

莎士比亞幾乎是歐美產官學各界家喻戶曉的人物，各界人士每天都在扮演不同角色，各有其入場和出場的時機、對白和身段。對政治人物來說，選舉、議會問政、媒體訪問、參加各種儀式和活動，明顯的都在角色扮演和上下舞臺。

莎士比亞除了是家喻戶曉的人物，他的劇本也富有文化底蘊。將大部分人有點熟但又不很熟的莎士比亞戲劇引進商學院的課程，不僅能激發學生探索的興趣，也不必大費周章就可以從欣賞或演出中意義建構。上課的老師通常會讓學習者認同劇中的角色及其內外在衝突，以及解決問題的歷程和結果等，來對應企業的情境和個人之感知認同。

大學開設有關莎士比亞與領導或管理的課程，包括麻省理工學院的「演好領導角色：莎士比亞與表現」（EnActing Leadership: Shakespeare and Performance）和英國萊斯特大學（University of Leicester）的「莎士比亞與管理」（Shakespeare and Management）等，其他許多課程沒有標註莎士比亞，但也都運用莎士比亞的劇本讓學生學習管理與領導，從《哈姆雷特》（Hamlet）、《李爾王》（King Lear）、《亨利五世》（Henry V）、《暴風雨》（The Tempest）、《凱撒大帝》（Julius Caesar）到《奧賽羅》（Othello）等。

戲劇技巧用以培養好的管理和領導人才

歐美大學將戲劇或劇場融入商學院領導與管理課程中不是只有莎士比亞，還有其他像是戲劇的技巧等，有些課程是有關如何做好領導人和溝通者，例如：達特茅斯塔克商學院（Tuck School of Business at Dartmouth）的「展現臺風的溝通」（Communicating with presence）、史丹佛大學「有力量的表演」（Acting with power）、維吉尼亞大學也開授有「領導與劇場：倫理、創新與創造力」（Leadership and theatre: Ethics, innovation and creativity）等。

這些課程要讓學生學習的能力和技巧包括：「呈現表達」（Presentation）、「提案」（Pitch）、「影響力」（Impact and influence）、「真誠不造作」（Be authentic）、「想像力」（Imaginative）、「肢體語言」（Body language）、「聲音掌控」（Vocal）、「學習正確呼吸改進溝通」（Learning to breathe properly can improve communication）、「說服力」（Persuasive）、「激勵啟發」（Inspirational）、「領導與判斷的藝術」（Leadership and the Art of Judgment）、「對立的論點」（Opposing arguments）、「同理心」（Empathy）、「將創造力和創新重新帶進會議室」（Bring creativity and innovation back to the boardroom）、「描繪管理的問題」（Portraying a management problem）、「政治、權力與影響力的藝術」（Politics, Power and the Art of Influence）、「管理道德」（Managerial

Ethics）等。

喜劇和即興技巧的訓練

另一類訓練則將喜劇和即興技巧（Improvisation）引進課程或工作坊，讓學習者學會幽默、應變和互相支持，例如「Yes, and」的技巧。我們平常在對話中很容易掉入「Yes, but」（是的，不過）的習慣。支持別人時總是有所保留，曖昧地表達自己隱藏的不滿或不以為然的感受與看法，例如「『是的』，你這個意見不錯，『不過』人家早就嘗試過了，而且是失敗的。」「Yes, and」就是在即興中先承認對方的觀點或說法，然後用「And」來增添新的觀點和經驗。賓州大學華頓商學院、哈佛大學商學院和麻省理工學院管理學院等就引進類似的即興課程，不僅互相支持，也學習如何在管理經營領導中，處理臨時發生的事故。

被讚許為偉大的溝通者，美國已故的雷根總統非常擅長即興演出、機智反應。

任內在加拿大國會演講時，有人大聲的質問他為什麼美國要介入尼加拉瓜的內戰。正當在場所有人不知所措的時候，他說你的大聲講話我已聽到了，不知有沒有「回音」。回音當然是一語雙關。另有一次在台上，他太太南西不慎從椅子上摔下來。雷根神態自若地說道：「親愛的，我跟妳說過，只有在我得不到鮮花與掌聲時，妳才這麼做」。臺灣企業界包括長榮空服員罷工、政治人物面臨困境時，都需要懂得如何即興，以及適當地應對進退。

世界開設劇場課程的大學

總而言之，開授劇場課程的大學很多，幾乎所有的美歐頂尖大學開授這樣的課程，包括美國的麻省理工學院、史丹佛大學和紐約大學、英國的牛津大學和華威商學院；瑞士的國際管理發展學院（IMD）和法國的歐洲工商管理學院（INSEAD）等等。

通常英國和歐洲會邀請專門的訓練機構與劇團帶動劇場和戲劇的課程，而美國則由校內教授或和業界共同開授課程。

政大EMBA的成立和開設「領導與團隊課程」

政大在一九九八年成立EMBA，到了二〇〇四年吳思華擔任商學院院長時，校友表達整個學習過程中，好像只有跟同組或選課的同學來往，既然時代的趨勢已經驅使企業界必須跨領域、跨界和跨國，而當時政大EMBA同學是由商學院的十個研究所組成的，是否可以讓十個所的EMBA同學有機會互動認識，培養未來多元社會需求的人才。

另一方面為了要讓學生認同系所或大學，負責人也會設計新生訓練儀式，因此思考結合儀式和跨組混合的設計，期待符合進修EMBA的原意和準備未來合作分享共創的機會。溫肇東教授剛好接任EMBA執行長，立即投入、熱情催化。我也曾經應當時商學院院長吳思華邀請，在其科管所所長任內帶領類似活動。他們兩人都是科管所教授，也都參與過類似儀式加上團隊凝聚力的活動，我就在這樣的狀況下擔負結合「新生入學儀式」和「領導與團隊」的跨領域重責，大膽地建構了「領導與團隊」課程。

從三天兩夜到四天三夜的密集課程之後，同學們一方面更加親近自己組內的人，也跨域結交主修不同領域的同學，繼續非正式與偶爾正式的活動交流，而終於實踐《全球主義者》「探索世界如何攜手前行」的使命。

展開創意、戲劇與管理課程的嘗試

後來他們決定開一門「創意、戲劇與管理」課程，我原來希望可以像英國華威商學院（Warwick Business School）的莎士比亞與管理類似課程，就近跟「皇家莎士比亞劇團」（Royal Shakespeare Company）合作，搬演經典作品達到每一次的演出都是專業表現，從導演和表演、製作和設計、行政與管理到設計與技術，都能夠呈現專業的精神和效果。

這門課我不敢教，所以就交由專業的劇場專家，當時的綠光劇團團長也是ＥＭＢＡ校友郎祖明和綠光劇團負責人羅北安，後來羅北安決定專注於舞臺和大小螢幕上的傑出表演，就由剛從國外回來，後來擔任綠光表演學堂堂主劉長灝接手。被同學暱稱為小狼老師的郎祖明和大熊老師的劉長灝就成為ＥＭＢＡ「創意、戲劇與管理」的「二人轉」，因為劇場工作常在夜間出現，所以又稱為「午夜劉郎」。

最先我們也討論過臺灣有沒有莎士比亞或莎士比亞的劇本，讓同學欣賞或扮演有點熟但又不太熟，同時覺得應該知道的劇本。我們也同意這門課上完之後一定要有一次完整的專業演出。

二〇〇四年是第一次演出，以綠光劇團吳念真《人間條件一》的劇本為經典創作。三屆之後覺得同學們在忙碌中要特別加強「無暝無日」地排演以及「ＥＭＢＡ

經營管理碩士學程守門人」的專業預算才有可能入戲，因此第四年就改為喜劇，可以邊排戲邊放空。我推薦了金士傑和「蘭陵劇坊」的劇本《荷珠新配》，同學在排練過程中相當愉快，演出也笑聲不斷，觀眾也被感染了。但是因為EMBA的同學非常忙碌，而專業排練需要長時間的專注，忘詞可以理解，但忘詞時因為沒有接受過即興訓練，而意外產生「笑」果，卻不是專業即興的彈性應變。

其後因為「領導與團隊」的第一個作業是「生命年表」。在移地密集課程的第一個晚上，大約十五個人一組分享個人生命故事。我一直以為這些在企業界已經有所成就的人，他們的生命是順暢愉快的，但從他們的生命故事中才驚訝地發現，很多人的生命充滿感人故事，歷經千辛萬苦，終於度過難關，才有機會相聚一堂，為人生的成長學習進入EMBA。更驚訝的是，大部分同學在讀書的過程都不快樂，少數能夠苦中作樂，但多數都是苦出成功。所以決定以他們的生命故事為劇本創作元素，演出時我坐在觀眾席上很容易感同身受。從他們的身段和聲音知道是他本人而不是別人的故事。

沒有莎士比亞沒關係，沒有大家熟悉的莎士比亞經典劇本也沒關係，能讓參與者結合生命故事和戲劇創意的訓練而集體創作劇本，對個人的學習成長、團隊共創歷程與結果呈現意義更大。

在排演之前，必須讓同學接受戲劇和創意訓練，訓練的技巧有哪些？劇場技巧的訓練是宇宙性的，在這本《上一堂EMBA戲劇課》中已詳列出大熊和小狼兩位老師希望達到的訓練目標以及所使用的技巧。

戲劇是團隊合作的催化劑

戲劇是一個最能凸顯團隊合作的橋樑，從劇本的構思、創作、完成劇本、導演排練到最後演出，都需要創意和團隊合作，但一齣戲的創作與演出也需要舞臺相關設計以及執行技術，當然有一大塊是屬於從製作、行政、行銷等的經營管理，每場演出都要準時上場和下場，光看演出的工作人員名單就知道一齣戲的演出所需要投入心力的人非常之多，而且他們必須密切合作。

就以綠光去年首演、今年重演的《再會吧！北投》為例，整個團隊包括（一）原始創作團隊，如製作人（製作助理）、編劇、導演（副導演）、音樂總監等；（二）行政管理團隊，如創意顧問、藝術監督、團長、行政總監、企劃經理、行政經理、行政執行、行銷宣傳、財務會計等；（三）現場演奏的樂團，如樂團的編曲、樂團指揮、鋼琴、小提琴、吉他、那卡西吉他、那卡西鼓手、打擊、手風琴、鍵盤、二胡；（四）設計與技術團隊，如舞臺設計、燈光設計、服裝設計、舞蹈設計、舞臺監督、舞臺技術指導、燈光技術指導、音響技術指導、音效執行（執行助理）、影像執行、舞臺道具佈景製作、燈光音響工程、造型設計、排練助理、服裝管理、小道具管理；（五）行銷宣傳與平面設計團隊，如劇照攝影、平面美術視覺、平面設計、網頁設計；（六）四十一位演出人員，有些演員還必須分飾多角。

戲劇融入教學的課程已經是世界MBA和EMBA的趨勢，但學校、院所、學程的守門人也要將專業製作和行政管理列為讓企業界尊重戲劇表演的專業，感同身受其辛苦努力和不確定的票房之心情，換句話說，多編預算，讓教學者有專業、學習者有成長、守門人有智慧。戲劇是體驗學習、團隊合作、創造力與領導管理智能最好的催情孵化劑。

協助本書採訪撰稿的郭顯煒在領導與團隊課程中，分享了他的生命故事。在上了創意、戲劇與管理課程後的秋賞演出時，上臺表演他與父親的故事。他的真情流淚，讓在臺下的我們應驗了愛因斯坦所說的「創造力是有感染力的」。這些親身體悟的系列經驗融入他的創意寫作，讀起來格外親切易解。我相信有些讀者可能會問「為什麼在求學過程中，沒有機會上一堂像這樣的戲劇課？」不用問了，就上吧！

Chapter 1

幕起

戲劇與創意

一段緣分的開始

秋涼如水的週六夜晚，位於台北市郊區的政治大學校園人車稀少、略顯冷清。沿著山坡路信步前往山上校區，座落在半山腰的藝文中心大禮堂卻是人聲鼎沸，不斷響起如雷的掌聲。在鼓掌聲與歡笑聲之間，穿插的是一齣又一齣令人開懷、賺人熱淚的舞台劇。

站在舞台上演出的，都不是專業演員，他們只接受了大約半年的表演訓練；坐在舞台下觀賞的，也不是一般觀眾，而是一群有著濃厚凝聚力、共同學習的「老同學」。正在舞台上演出的演員，可能曾在同一個舞台下看著另一群人演出；而正在舞台下觀賞的觀眾裡，也有不少人曾經在同一個舞台上粉墨登場。

這不像一般的舞台劇，演員永遠是演員，觀眾永遠是觀眾。圍繞在政大藝文中心這個舞台的演員與觀眾，有著水乳交融的同窗情誼。他們在職場上奮鬥了十幾二十年，打完人生上半場，在中場休息時刻回到大學校園充電，結識了一群有別於職場競爭關係的好朋友，然後將滿滿的知識能量與深刻友誼帶回原本的工作場域，甚至另闢新戰場開疆拓土，展開精彩的人生下半場。

這群「老了才來當同學」的「老同學」，就是政治大學經營管理碩士學程（Executive Master of Business Administration，簡稱EMBA）的學生；而這種台上台下水乳交融的舞台劇，一年只有一次，也就是政大EMBA每年九月下旬至十月上旬之間的年度四大盛事（春宴、夏泳、秋賞、冬歡）之一：**秋賞**。

每年秋天，許多政大EMBA在校生、甚至是已經畢業的校友，都非常期待來到學校參與這一場戲劇饗宴，因為舞台上演出的都是他們熟悉的同學或學長姊，而非陌生的專業演員。到底是什麼樣的機緣，可以讓這些只受過半年戲劇表演訓練的高階經理人和企業家放下身段，勇敢地站上舞台，展現辛苦排練多時的成果？即使

略嫌生澀，即便偶爾忘詞，也讓他們得到了一生可能只有一次的寶貴經驗，甚至可能是改變人生下半場的奇妙啟發。

這樣的機緣，來自於政大名譽教授吳靜吉博士的學習典範轉移，以及各行各業提升團隊領導能力的養成需求。

產業環境劇變

近三十年來，隨著數位科技日益成熟、急速發展，各種產業不可避免紛紛被捲入數位浪潮中。許多產業就此沉沒，葬身數位科技海底；少數產業順勢踏著數位浪潮轉型成功，搖身一變成為企業新星。然

將「創意」、「戲劇」、「管理」巧妙融合展現出政大EMBA獨特的「秋賞」演出。

而，還有更多產業仍在大浪中載浮載沉，試圖找到合適的救生圈安全上岸。

對於肩負企業存亡大任的企業主和高階經理人而言，如此劇烈變動的產業環境確實令人惶惶不安，年輕時在學校所學的各種知識早已不敷使用，甚至明顯不合時宜。面對著未來的成長與轉型，他們在決策時深感困擾、躑躅不前，深怕走錯一步就滿盤皆輸。

這種生死存亡的危機感，迫使企業經營者必須尋找「充電」的場域。為了因應這樣的趨勢，各式各樣的「高階經營管理學程」如雨後春筍般出現在各大專院校的商管學院中。台灣大學管理學院率先拔得頭籌，於一九九七年成立「管理學院碩士在職專班」，而政治大學商學院也緊接在一九九八年創設EMBA。這兩所台灣頂尖的商管學院創立EMBA之後，也順勢開啟了眾多企業老闆與高階經理人就讀EMBA的熱潮。

二十年過去了，現在許多大專院校都設有EMBA，進入EMBA充電儼然成為一種顯學。相較於沒有什麼工作經驗的ＭＢＡ學生，ＥＭＢＡ的學生普遍年紀較長、工作經驗甚多、職場歷練豐富、位居公司要職。最大的差異是，他們大多在漫長的職涯中度過驚滔駭浪，甚至曾經跌得很深、摔得很重，差點就一蹶不振、自我放逐。

或許有少數人是為了彌補學歷不夠光鮮亮麗的遺憾，但是大多數ＥＭＢＡ學生早已在職場上證明了自己，根本不需一紙文憑來錦上添花。然而，其中有不少人卻因內在的人生經歷或外在的職場環境，開始產生自我懷疑，甚至產生強烈的恐懼感。因此，他們紛紛進入ＥＭＢＡ向擅長理論架構的老師取經，強化自身面對劇烈變動環境的決策能力；於此同時，他們也跟來自各行各業、實戰經驗豐富的同學相互切磋，汲取其他產業的知識與經驗，引為自身企業轉型、破繭而出的火種。

更重要的是，ＥＭＢＡ同甘共苦的學習過程，讓這些中年人彷彿回到大學時代，產生了有別於職場的深刻情誼，甚至串連起龐大的人脈網絡。許多ＥＭＢＡ學生是創業主，多年來孤單面對創業的磨難與辛苦，如同啞巴吃黃蓮、有苦說不出；創業成功後，身為高處不勝寒的企業老闆，跟自家員工又存在著或多或少的距離。一旦進入EMBA，這些創業主總算可以卸下老闆身分，跟年紀相仿的同學打成一片，共同學習且無私分享，人生難得有幾回這樣的機緣呢？

更多的EMBA學生是高階經理人，他們從基層幹起，不僅要年年達成老闆設定的各種指標，還要在險惡的辦公室政治中過五關斬六將，才能爬升到今天的職位。一路走來傷痕累累，內心早已疲憊不堪，來到學校跟其他高階經理人互相打氣，舔拭彼此的傷口，修補過往的傷痕；若是結交到臭味相投、志同道合的朋友，甚至可以成為日後共同創業的好夥伴！

來到EMBA，不僅要學習如何因應產業轉型，更要學習團隊合作。面對龐大資金合縱連橫的產業變遷現況，單打獨鬥已愈來愈不可行，技術上或資金上的合作所創造出的綜效，將是未來企業發展的常態。因此，所有的EMBA學生都必須學習如何領導他人，更必須重新學習如何被他人領導。

領導與被領導

值此之故，二〇〇四年，時任政大商學院院長的吳思華老師，以及擔任EMBA執行長的溫肇東老師，邀請了吳靜吉博士舉辦第一屆「領導與團隊」課程。這是一種四天三夜的營隊密集課程，強調如何領導他人以及被他人領導。每一位參與者在課程中不斷地變換角色，學習擔任帶領團隊的領導人，或是服從領導人的追隨者。

從此，「領導與團隊」變成政大EMBA最具特色的一門課程，也是每一位政大EMBA學生的第一堂必修課。這是吳靜吉博士特別研發的課程，主要是培育領導力並養成團隊凝聚力。每一年兩百多名的政大EMBA新生，就是透過這門課互相認識、瞭解彼此，更因此建立了濃厚情誼。

吳思華老師提及開設這門課的緣由：「一九九四年，政大商學院成立了科技管理研究所，這是從原本的企業管理研究所分枝散葉出來的。科管所主要是整合管理、科技和法律等多重領域知識，試圖突破既有框架，創造獨特的競爭優勢。科管所強調的是創新，而企管所的核心思維則是在既有的組織架構下發展。」

既然強調創新，課程設計就必須扣緊這個主題，於是吳思華老師請吳靜吉博士在科管所開設創造力課程。「談到創新，團隊合作就非常重要，因為創新通常不會在原本的組織系統中完成，而是由組織系統外的小團體主導，團隊力量必須相當強大。」吳思華老師說：「除此之外，『視野』亦扮演了關鍵角色，有了視野才能創新與突破。因此，培養團隊成員的視野就成了創新的關鍵。」

為了在課程中融入這幾個圍繞在「創新」的核心想法，剛成立的那個暑假，科管所在烏來舉辦了「師生共識營」，這個共識營就是後來政大ＥＭＢＡ「領導與團隊」的課程雛形。

吳思華老師認為，建構團隊不能倚賴教師單向授課，而是必須仰賴許多活動，從「讀中學、做中學、玩中學、遊中學、對話中學、分享中學、競賽中學」，離開原本的教學環境，進行各種活動。因此，科管所才會將學生帶離學校，移師到另一個環境，體驗這些活動。

政大企管系黃家齊老師也抱持著相同的看法，他認為這種團隊建構課程是一種「教學設計的典範轉移」，跟一般由老師單向傳授、學生單向接受的課程有很大的不同。在這種典範轉移課程中，老師只是引導者，學生才是主體，他們在活動進行過程中反思和體驗；而這樣的反思和體驗歷程，會讓學生形成抽象概念或理論架構，然後進行下一步實驗，如此循環不已。

進行這些活動需要個人的努力，也需要團隊合作；然而，不論是個人作業或團隊活動，都強調必須有所互動。例如，閱讀通常是個人的行動，但是如何傾聽作者的心聲，與作者產生對話，甚至在閱讀後將心得分享給他人，都是一種互動。這樣的互動就是一種團隊合作，也必然包含了領導與被領導的歷程。如同吳思華老師強調的，認知與體驗是學習上非常重要的事情，領導人必須具備強烈的感知能力。透過與他人的互動，可以跨領域學習，也可以從知識上的學習跨越到感知上的學習，甚至變成自己的表演和參與。

曾經多次參與「領導與團隊」課程設計的政大企管系黃秉德老師認為，透過這種體驗學習方式，可以培養出領導人應有的風格與能力。體驗學習有別於傳統的教師講授與個案研討，非常注重身體力行的經驗；在正式入學前進行這種體驗課程，通常會產生非常好的效果，的確很適合做為一種「新生訓練」。

有些學生認為「領導與團隊」四天三夜的課程過於密集、流程太快，活動進行當時不容易產生深入的認知與感受。不過，黃秉德老師認為，就算暫時體會不到深刻的感受，這些經驗與體悟還是會慢慢進入潛意識中，日後可能在某個場景浮現出來，最終對關鍵決策過程產生無比深遠的影響。

十多年來，「領導與團隊」已經變成政大ＥＭＢＡ的招牌，帶給政大ＥＭＢＡ學生非常深遠的影響。政大企管系于卓民老師就認為：「政大ＥＭＢＡ能夠跟其他學校有所差異，甚至產生強大的競爭優勢，就是因為強調團隊合作；而這當中最重要的關鍵，就是『領導與團隊』舉辦得非常成功，產生了相當大的綜效。在這堂課中，不論是上市櫃公司大老闆或是中高階主管，不分年齡與社經地位，每個人都願意放下身段，用最真誠的態度跟大家互動。其實，課程還沒開始之前，很多人以為這只是一般的團康活動；然而，實際參與後才發現，這堂課竟然帶給他們截然不同的感受，所有人都因此變成了一個團體。」

這樣的授課方式讓每個人認識更多同學，而且是各種產業與不同性格的同學。政大ＥＭＢＡ每年招收兩百多名學生，分成五個組別，「領導與團隊」要求十到十二個人組成一個小團隊，而且團隊成員至少必須包含三個組別。假如沒有這樣的規定，很多人可能沒有太多機會認識其他組別的同學，因而缺乏激盪出更多火花的可能性。

許多學生都是老闆，不論是大老闆或小老闆，平常都是滔滔不絕說話給下屬聽，較少有機會靜靜聆聽下屬說話。但是在EMBA，大家都是同學，沒有人有義務聽你說話；就算是大老闆，想要同學聽你說話，你也要願意先聆聽同學說話，這是互相的。

剛入學就能建立這種團隊合作模式，這門課功不可沒。誠如政大企管系于卓民老師所言：「這門課是政大EMBA的商品定位策略，追求的是團隊合作，帶給所有人一種與眾不同的體驗。它要求你學習與別人共事，增加人生體驗；相較於商學院其他硬梆梆的課程，這是一種軟性的學習。」

于卓民老師強調，這門課能夠如此成功、有口皆碑，統籌課程與教學設計的吳靜吉博士堪稱靈魂人物。吳博士不僅學養深厚、教學經驗豐富、備受學生愛戴，同時也是性格中人，深受感動時會當場落淚。而且，吳博士的臨場反應非常快，學生

在吳靜吉博士的設計下，「領導與團隊」課程已成為政大EMBA的特色。

狀況鬆懈時，可以讓學生瞬間繃緊神經；學生精神緊繃時，又能適時展現幽默讓學生放鬆。

在于卓民老師眼中，吳靜吉博士具備了德國社會學家韋伯（Max Weber）所說的「卡里斯瑪」（Charisma）特質，深具獨特的領袖魅力。而在吳博士幽默又用心的帶領下，政大EMBA這堂必修課所衍生的效應如滾雪球般愈來愈大，影響層面愈來愈廣。它不僅為許多政大EMBA學生帶來難忘的回憶，甚至在他們的人生與事業中激起了一圈又一圈的漣漪。

領導人需要創意

吳靜吉博士在建構基礎「領導」概念時，特別強調傳統「交易領導」與當今主流「轉型領導」的差異。交易領導是指雇主與員工之間呈現對價關係，員工付出勞力和智力來換取薪資，兩者因交易行為而存在。至於新型態的「轉型領導」，則是指雇主和員工之間不僅止於能力與薪資的交易，而是更加著重在領導人涵蓋的意義與價值上：成功的領導人必須真誠關懷員工，在工作上賦予深層意義；同時也必須展現人道關懷與領袖魅力，善盡企業社會責任，形成格局更高更廣的領導風格。

二〇一〇年，IBM發表了一份「全球CEO調查報告」。這份報告總共訪問了一千五百四十一位執行長、總經理和資深公營機構領導者，涵蓋了六十個國家、二十三種產業中不同規模的企業與機構。報告中的多數受訪者認為，在未來五年內，企業最重要的三種領導特質分別是**創造力**、**誠信**與**全球思維**；尤其是創造力，更是未來五年最重要的領導特質。領導人必須具備創造力，才能鼓勵公司內部產生創新思維，並且充分落實變革。在日趨複雜的企業環境中，領導人需要善用不同的溝通與領導方式，跟客戶和員工進行對話，勇於嘗試全新的商業模式。

此外，創新工場董事長李開復也指出，人工智慧時代來臨，許多原本屬於人類的工作會被人工智慧取代，未來的人類只剩下兩件事：第一件事就是「創造力」，包括科學、文學與藝術的創造力，以及說故事的能力。另一件事就是「有愛心的工作」，必須真正把「愛」放到工作裡，透過人與人之間的溝通與信任，讓更多人信任你的品牌與產品。

就是因為創造力如此重要，所以吳靜吉博士特別強調：轉型領導更需要有創意，才能讓所有被領導者（員工）脫胎換骨、思考更有深度、思慮更加長遠。領導人與被領導者同在一艘船上，他們要一起面對航行時的驚滔駭浪，共同努力讓這艘船安然抵達目的地。因此，領導人必須會擘劃願景，讓所有被領導者想像這艘船要航行到哪裡，讓他們先產生共同的目標，而不是一上船就只顧著分派任務。

領導者的第一件事，也是最重要的事，就是領導，然後才是管理。可惜有許多領導者只知學習各種管理知識，就是不知領導能力才是關鍵。

吳靜吉博士說，創造力愈來愈重要，領導人必須同時具備科技與人文的素養，也要懂得結合人文與科技。他特別推崇賈伯斯，因為賈伯斯是個非常棒的領導人，連郭台銘都讚賞不已。幾年前富士康發生一連串員工跳樓自殺事件時，賈伯斯立即派出自家公司的心理諮商師，協助富士康進行員工心理輔導。身為科技公司領導人，賈伯斯具有非常豐富的人文涵養，也深具同理心，他充分瞭解照顧員工心理健康對於企業的重要性。

賈伯斯喜歡閱讀莎士比亞的作品，尤其深愛《李爾王》。而巴布・狄倫這位支持反戰的歌手不僅是許多年輕人的偶像，也是賈伯斯的偶像。其實賈伯斯根本不把狄倫當成歌手，而是當成詩人，他經常在許多場合引用狄倫的歌詞。

一九九七年，蘋果公司發表了電視廣告《不同凡想》（Think Different）。在這支廣告影片中，賈伯斯依序排列了他心中的偉大人物，位居第一的是愛因斯坦，緊接在後的就是巴布．狄倫，可見狄倫對賈伯斯的重要性。而狄倫在賈伯斯過世後的二〇一六年獲得諾貝爾文學獎殊榮，更是證明了賈伯斯確實慧眼獨具。

豐富的人文素養成就了賈伯斯無與倫比的創造力，同時也讓他成為具有強大說服力的領導人，他的同事赫茨菲爾德（Andy Hertzfeld）甚至借用電影《星艦迷航記》（Star Trek）中的「現實扭曲力場」（Reality Distortion Field）來形容賈伯斯的超凡說服力。赫茨菲爾德在自己的著作《蘋果往事》（Revolution in the Valley）中如此描述賈伯斯的強大氣場：

賈伯斯結合口若懸河的表述、過人的意志力、扭曲事實以達到目標的迫切願望，從而形成混淆視聽的現實扭曲力場。

當然，賈伯斯不是普通人，甚至有人戲稱他是「外星人」，藉此形容他超凡入聖的創造力。不過，從賈伯斯的故事中，我們可以看出「創意」絕對是企業領導人不可或缺的能力。問題來了：假如你這個人擺明了就是治軍嚴謹、邏輯縝密又深受員工愛戴的企業領導人，唯獨缺乏創造力，甚至這就是最大罩門，有什麼方法可以提升你的創造力呢？

有的，**表演訓練可以激發創意思考**、**提升創造力**。為了讓政大EMBA學生在「領導與團隊」課程中學習到領導力的重要性之後，可以進一步提升領導人必備的創造力，二〇〇四年，在九一級NPO組葉淑貞學姊的建議下，吳思華院長邀約我們在政大EMBA開設「創意、戲劇與管理」。

從那時起，「創意、戲劇與管理」也成為台灣所有ＥＭＢＡ當中唯一與戲劇跨界結合的相關課程，每年大約有六十名學生選修。十四個年頭過去，算算也有將近一千名學生上過這門課。

如果「創意、戲劇與管理」可以讓這些學生體會到戲劇的魅力，以及創意與戲劇之間的關係，甚至讓他們從此熱愛欣賞戲劇，培養出鑑賞戲劇的能力，我們深感榮幸。假使這門課進一步對他們造成深遠的影響，不論是對人生旅途產生更深刻的啟發，或是成為更具創意、更孚眾望的領導人，那更要全部歸功於吳靜吉博士的提攜，讓我們兩人有機會成為政大ＥＭＢＡ這個大家庭的一分子。

為什麼要上戲劇課？

「創意、戲劇與管理」這樣的課程雖然還沒成為台灣各大商管學院的趨勢，但是在美國已經有許多商管學院提供量身訂製的表演選修課，例如麻省理工學院（Massachusetts Institute of Technology，縮寫ＭＩＴ）的史隆管理學院和史丹佛大學（Leland Stanford Junior University）的商學院。

掌握表演技巧可以增加自信心，克服不敢面對群眾說話的障礙。因此，許多商管學院的老師開始意識到，讓學生接受表演訓練或許可以找到強化表達能力的方法，培養學生成為優秀的領導者與溝通者。當然，戲劇課並不是要把學生培養成真正的演員，而是要強化他們在各種商業場合的應對能力。

在職場上，若是能從容不迫地站在眾人面前侃侃而談、鼓舞他人，甚至引發眾人的共鳴，成為領導者的機率相對更高，因為這個人具備了出色的說故事能力，也具備了舞台表演的魅力。

戲劇課程有助於培養領導能力，已經逐漸成為學界的共識。曾任英國皇家莎士比亞劇團副導、現為教育訓練講師的皮爾斯・易本生（Piers Ibbotson）在二〇〇八年出版了《管理就像一齣戲》（The Illusion of Leadership，中譯本由漫遊者文化於二〇一四年出版），他在書中斬釘截鐵地認為，優秀的劇場導演就是優秀的領導者，因為劇場導演具體展現了執行力、領導力、創新力、控制力與規劃力等五種能力。而且，在創作戲劇的過程中，導演所展現的管理技能和溝通技巧不僅是探究領導與創意的範本，其領導風格所隱含的行為特質與互動關係也是管理學習的趨勢。

領導者在世上的成就，決定於追隨者的創作成果。在這段過程中，我們可以當個被動的觀眾，也可以擔綱演員；我們可以指揮他人，也可以從旁提供協助。我們可以自行決定要以什麼角色來參與這齣生命之劇，但就是無法決定「不」參與。領導力是一種幻覺，需要領導者與被領導者雙方的參與……事實上，如果領導者營造出適當的團隊文化，創新根本無需刻意追求；經理人只需扮演類似導演的角色，放手讓旗下成員全心投入眼前的任務，容許他們自由發揮才智、提出個人建議，然後再從中擷取想要的部分即可。

～易本生（中譯本：第十四～十六頁）

傳統的管理式領導需要雄才大略的強勢領導者，被領導者只要乖乖聽著領導人的指引，就能保證組織運作順暢。然而，現在的產業環境實在變化太快，不能指望單一領導者的英明作為能讓企業千秋萬世，快速變遷的外在環境更需要領導者與被領導者的團隊合作。因此，劇場導演的創意式領導強調凝聚團隊向心力，帶領組織因應變革、追求價值，更可以為企業領導人的領導風格帶來新啟發。

我們所謂的優秀商業領導，必須具備的特質是明確、精準、可測量的結果，以及不受影響的情緒。雖然這些特質不能說必然有錯，有時卻不利於激勵部屬提出好構想，然後加以執行。而且，這些特質也無法關照到部屬透過工作成果與個人選擇所展現出的深層價值。管理不是一門科學，而是一門藝術。它需要你各方面的投入，無論是你的情感、你的心智或你的靈魂，都必須齊頭並進。

～易本生（中譯本：第十八頁）

我們經常聽到中高階企業主管感嘆，現在的年輕世代很難管理，不同的世代有著南轅北轍的價值觀，耗費在內部溝通的心力與時間有時更甚於外在環境的挑戰。的確，在目前這樣強調多元價值的社會中，企業主管已經很難再使用傳統的管理方式，直接拿職位或頭銜要求年輕世代乖乖聽話。相反地，想要跟這群在充滿自由的環境中長大的年輕人組成坦誠相見的團隊，就必須如易本生所言，管理是一門藝術，需要每一位領導人同時投入情感、心智，甚至靈魂。

問題是，並不是每一位領導人都願意或是有能力放下身段並敞開心胸，投射情感、心智與靈魂到團隊中，這往往成為團隊合作的最大障礙。既然歐美學界已經證實戲劇課程中的表演訓練有助於培養領導能力，政大EMBA在吳靜吉博士的協助下開設「創意、戲劇與管理」也就更加順理成章，確實幫助了許多企業老闆和高階主管成為更懂得團隊合作的領導人。

結合生命故事的戲劇課程

吳靜吉博士特別推崇的賈伯斯，就是十分擅長利用戲劇效果的領導人。他很著重產品發表時的戲劇效果，曾經聘請擅長多媒體的後現代導演柯提斯（George Coates）幫忙設計舞台效果。而且，賈伯斯也相當擅長說故事，對他而言，每一次

上台說話就是在演一齣戲，因為那不是單純的講台，而是表演的舞台。他喜歡自編自導自演，對著所有人娓娓道來精彩的故事。

二〇〇五年，賈伯斯受邀在史丹佛大學的畢業典禮上演講，那是賈伯斯的經典之作。他不像政治人物那麼愛說教，也不像成功企業家那麼愛吹噓，只說要跟大家分享人生中的三個故事，而且還很謙虛地說這些不是什麼大不了的東西。的確，這三個故事看似平凡，但是透過賈伯斯非凡的說故事能力，深深感動了現場所有人，也讓每一個讀過這篇演講稿的讀者印象深刻、回味不已。

吳靜吉博士認為，領導人上台說話就是在演戲，必須具備說故事的能力，並且用說故事的方式來培養創造力。問題是，我們要如何培養說故事的能力？方法有很多，劇場訓練就是其中一種。從主題發想到故事發展、故事寫作、現場演出，戲劇本身就是創意的歷

一群職場上的資深悍將放下身段，藉由課程重新體會團體的重要性。

程，也是訓練說故事能力的最佳方式。

每一齣戲都包含好幾段場景，如何組合這些場景就是一種創意；哪個場景應該先出現，哪個場景後出現，這些都是創意的展現。同樣地，演出時不僅要有演員，還有燈光與音樂，如何運用燈光與音樂巧妙搭配演員的出場和退場，這些也都需要創意。

在劇團中，有人當導演指揮全場，有些人安排音樂加強演出的精彩度，有些人負責整合所有的資源。組合各種看似無關的東西，根據不同的分工來分配資源，深入瞭解每個演員和工作人員的特色與專長，然後統整起來，這就是一種創意。整個組織的運作就像是在編織故事，有些地方加入一些素材，某些地方剔除不必要的材料，經過一番修修剪剪，故事性就會更強大。

在政大EMBA的戲劇課中，每一位學生都經過三十多小時的表演基本訓練，然後又經過許多次演出排練，最後才在每年秋天的「秋賞」中公開演出，展現學習成果。吳靜吉博士特別強調，每一位學生都在這門戲劇課學到了很多東西，從創意發想、排練到作品呈現，最後還要分享、演出給大家看，這樣才會更愉快，進而產生認同感。

剛開始那幾年，我們採用現成的劇本讓同學演出，例如《荷珠新配》或《小王子》。但是吳博士提點我們，這樣似乎有點不太對勁，因為EMBA學生只接受了初階表演訓練，還沒達到相當專業的程度，而且大家的工作十分忙碌，排練時間不夠多，都很容易忘詞。雖然每個人還是演得興高采烈，但是忘詞的時候必須有能力圓場，業餘的EMBA學生還沒有足夠的專業來即興處理。

後來，經過吳博士指點，我們決定捨棄現成的劇本，轉而採用每一位學生的生命故事，將他們的生命故事編織成適合演出的劇本。這樣的安排，也十分巧妙地將「領導與團隊」這門必修課的精髓延續到「創意、戲劇與管理」這門選修課。

政大EMBA學生入學報到後的第一項作業，就是寫下自己的生命故事，這是「領導與團隊」六項作業中的第一項。為什麼進入ＥＭＢＡ一開始不是學習經濟學、會計學或統計學等相關基礎課程，而是要撰寫自己的生命故事呢？

每一位進入政大ＥＭＢＡ的學生，少說都三十多歲了，更多的是四十歲以上的中年人；他們跟大學部或一般碩士班學生最大的不同，就是多了人生與社會的風霜歷練。這些歷練包含了悲歡離合，可能有些人經歷過親人離別的悲傷，可能有不少人見證過生命誕生的喜悅，同時體會了養兒育女的甘與苦；不過，更多人經歷的是曾經在工作場域中發光發熱，或是在步步高陞的職涯道路上狠狠摔跌過。

進入ＥＭＢＡ充電是人生另一個階段的開始，它代表著韜光養晦，也期待著破繭而出。然而，假如我們沒有先把之前的戰場清理乾淨，又怎麼邁向下一個戰場呢？假如不曾駐足思考過往的點點滴滴，又如何帶著勃然醒悟的心靈重新出發呢？

撰寫生命故事的目的，就是讓我們清理過往的人生戰場，回頭撿拾自己發射過的子彈，想想當初為什麼發射？射中目標了嗎？射中目標讓我們得到了什麼？沒射中目標又讓我們錯失了什麼？為什麼沒射中？……

唯有清理曾經紛亂踏過的人生戰場，才能淨化自己曾被壓抑的部分。吳靜吉博士描述，許多人撰寫生命故事時，為了確認記憶是否正確，還會翻箱倒櫃找出老舊發黃的照片。曾經有個女生甚至打電話給老同學，質問那位老同學以前是不是追求過她，結果卻是她記憶錯誤，其實是她追求過對方，這段模糊的記憶竟然慢慢將雙方的角色顛倒過來。吳博士特別說明，從這段回首生命故事的過程中，這個女生意外瞭解到自己其實相當自戀，才會逐漸扭曲原本的記憶；不過，透過這樣的省思，她充分反省了自己，進而看到自己過往生命中的歷史地圖。

在「領導與團隊」課程中，學生不僅要回首自己的生命故事、淨化自己，還要將這些生命故事分享給即將在未來幾年同窗共學、一起成長的夥伴。誠如吳靜吉博士所言：「分享過往的喜怒哀樂與成長背景，可以淨化自己，重新審視自己，因為你願意放棄也願意捨得。雖然分享過程中會熱淚盈眶，甚至讓你痛徹心扉，但是就像我們用淚水沖刷掉眼裡的細沙，這是一種心理治療過程，可以讓自己更健康。」

生命故事具有勵志作用，我們可以看到別人的奮鬥過程，看到別人重新成長的過程，會讓所有人感同身受。如同黃家齊老師所說：「分享彼此的生命故事，就是學習別人的生命經驗。這是一種替代學習，可以省下一些嘗試錯誤的時間。」此外，于卓民老師也認為：「能在眾人面前說出自己的生命故事，就是非常不容易的事情。每個人的生命都很曲折，能讓大老闆或高階主管放鬆心情、展現情感，本身就是一種學習過程。」

回首自己的生命故事，不僅是一種淨化洗滌過程，更是訓練創造力的絕佳方式。讓我們回到賈伯斯那篇名聞遐邇的史丹佛大學畢業典禮演講稿。

人生點滴的串聯

在這篇演講中，賈伯斯向所有畢業生分享了他自己的三個故事，其中的第一個故事是有關「人生點滴的串聯」（connecting the dots）。

賈伯斯的親生母親是未婚的年輕研究生，因此賈伯斯後來被一對勞工階級養父母收養。長大後，聰穎的賈伯斯考上了大學，卻天真地選擇了非常昂貴的里德學院（Reed College）就讀，幾乎耗盡養父母一生的積蓄。上大學半年後，賈伯斯實在看不出上大學有什麼用處，也不知道自己這輩子想做什麼，於是決定休學，因為他不想再浪費養父母的辛苦錢。

休學後雖然過著苦日子，甚至必須仰賴回收可樂瓶填飽肚子，但是他卻喜歡這樣的生活，因為好奇與直覺帶領著他到處探索。而且，他不用再浪費時間上那些不感興趣的必修課，反而可以旁聽自己覺得相當有趣的選修課。

當時里德學院的英文書法課程堪稱全美國之冠，校園裡放眼望去都是優美的手寫字，這激發了賈伯斯的濃厚興趣，他決定旁聽書法課，學習這項技能。雖然他根本不知道學習英文書法的目的是什麼，但是書法所呈現的優美、歷史性與藝術氣質讓他深深著迷。

直到十年後，賈伯斯設計第一部麥金塔電腦時，書法課學到的東西這才完全浮現在他的腦海中。於是，賈伯斯將這些東西全部設計到麥金塔電腦中，這是第一部擁有優美字型的電腦。賈伯斯說，如果他沒上過那門書法課，麥金塔電腦根本不可能擁有那麼多字型變化，也不會有勻稱的字元間距；而如果他當初沒決定休學，就不可能旁聽到這門書法課。十年前，他無法預見未來，也無法串連這些點點滴滴；但是十年後，當他回顧那段時光，一切就再清楚也不過了。

你無法預見未來，把生活的點滴串聯起來，只有在回顧時才有可能。所以，你一定要有信心，以前所經歷的一切，終有一天會產生關聯。

～賈伯斯

任何人讀到這段話，都會備受激勵，就好像傷痕累累的戰士對著自己精神喊話：「成功沒有捷徑，有時看似繞路的過程，其實都是未來的養分。所以，永遠永遠都不要被眼前的挫折擊倒。」然而，這段話更隱藏著一件事：**「創意不是無中生有，而是點點滴滴的串聯。」**

賈伯斯曾經問過巴布．狄倫，他的創意是怎麼來的？狄倫說，就是這樣來的，一堆毫無相關的東西突然串聯起來。簡而言之，就在一剎那間，所有毫無相關的東西都突然冒出並整合起來，這就是創意。

我們深深相信，讓「創意、戲劇與管理」這門課的學生使用自己的生命故事做為劇本素材，是全然正確的決定；藉著串聯自己的人生點滴，他們的創意應運而生。而且，戲劇演出不是一個人的事情，而是一個團隊的事情。每個團隊必須試著找到一個主題，把團隊中每個人的故事串聯起來，變成一齣戲劇，這就是一種創意的組合。

觀賞戲劇演出、接受表演訓練，就是學習同理心的最佳途徑。

工作場域不也是如此嗎？領導者把每一個員工的不同觀念組合起來，整合所有毫無關聯的觀念，變成有意義的新事物，這就是一種創造力。

當然，不是只有領導人需要創意，其實每個人都要有創造力。因此，吳靜吉博士強調：「有創意的人，較容易應付生活上的困難。多多關注生活中的小細節，培養生活情趣，就會產生充沛的創造力。」

除了培養創造力、洗滌過往的塵埃，戲劇訓練還具備心理諮商的作用。

戲劇療癒你的心

吳靜吉博士提到，人生總是會留下些許遺憾。觀賞戲劇的時候，觀眾一定會認同舞台上某些角色，進而引發共鳴，這樣的共鳴就會在觀眾心中產生某種程度的療癒作用。

一位EMBA學長從小到大都很會念書，學業成績一直很好，但是職場上的成就不上不下。回頭看看年輕時的同學，當初學業成績不好的，現在反而都有各自的一片天，這一點始終讓他耿耿於懷。

後來他找到一個必須到中國工作的職缺，這是難得可以發揮的機會。不巧妻子正處於懷孕期，無法跟著他去，也希望他不要去，但渴望在事業上一展長才的他還是去了。後來妻子生產時血崩，他聽到消息立刻趕回來。在回程的飛機上，他開始後悔拋下妻子獨自前往中國工作，很擔心因此失去妻子，這讓他充分感受到家人的重要性。幸好後來母子均安，而他也決定放棄在中國的工作，回來台灣陪伴妻兒。

要一個中年男子在眾人面前說出、甚至演出這樣的故事，需要多麼大的勇氣！當他勇敢說出、演出的時候，這種徘徊在事業與家庭之間的抉擇特別令人動容，甚至觸動其他同學的心弦，因為許多人也有類似的困境。

還有一位學姊的先生突然過世，她被迫立即承擔先生的事業，壓力大到難以承受，當初也是哭著將這段故事分享給同學聽。另一位從事保險業務的學姊努力賺錢，先生卻遊手好閒，幾經掙扎後決定離婚，卻也受盡折磨。

這些看似八點檔連續劇專門灑狗血的劇情，活生生地在表面風光亮麗的EMBA學生生命中上演著；若不是聽到他們親口說出，很難想像這是真實發生的事情。在這門課中，他們忍痛撕開了看似結痂的傷口，重新檢視並療癒它，同時撫慰了其他有著同樣傷口的同學。

吳思華老師說：「戲劇是一種心理諮商的工具，可以自我療癒，成為個人再出發的動力。透過戲劇更可以深刻體會到，許多力量其實來自於情感與意志力，而非理性的知識。學習表達能力非常重要，團隊運作時想要說服他人，必須運用同理心來對話。」觀賞戲劇演出、接受表演訓練，就是學習同理心的最佳途徑。

不論是創造力和領導力，還是生命故事與同理心，歸根究柢，最終強調的還是說故事能力。優異的說故事能力不僅有助於溝通、展現領導能力，還能運用在許多不同的商業模式上。關於這一點，吳思華老師就以華山文創為例，做為文創園區展現說故事能力的最佳案例。

華山文創園區奮鬥了十年，現在每年可以吸引六百萬人次到園區消費。園區本身就是在說故事，讓所有人進來後覺得新鮮有趣，而且覺得很有價值，日後想要再次光臨。它運用「酒廠」這樣的場景，述說著不同的故事，每個故事都是獨立的，包括表演、策展和商店，也各自吸引了一群聽眾。他們在舞台上的走位很好，因為有人喜歡觀賞我的表演，有人喜歡去你的餐廳用餐，其他人喜歡進你的商店購買流行物品。整個文創園區就是一個舞台，必須有不同的劇目、不同的攤位和不同的活動，而且必須不斷地更新。這是一種非常順暢的布局，進而成為非常強烈的正向循環，吸引源源不絕的觀眾前來觀賞。

戲劇課為我們的人生帶來許多好處，培養說故事能力，發展領導能力，誘發創造能力，甚至療癒受創的心靈，促發我們的同理心。然而，這麼多能力不是讓我們分開使用，最終目標還是要學習如何建構團隊，發揮團隊合作的最大效益。

畢竟，一個人的力量永遠比不上一群人的力量。賈伯斯再怎麼天縱英明，還是必須帶好他的團隊，才能一次又一次改變人類社會。

從劇場學習建構團隊

我們在劇場中生活與工作將近二十年了，這麼多年來，劇場帶給我們無數的感動。在每一次感動中，我們都不斷地回想，劇場到底有什麼魔力，讓我們願意一直沉溺在這樣的環境中樂此不疲。我們也不斷地思考，劇場工作者又有什麼樣的魅力可以讓我們如此迷戀，而他們的作品又是如何產生那樣令人讚嘆的創意？

於是，我們從頭開始認真地認識劇場，認識身邊的朋友。在課堂上，我們詢問學生為什麼要學習表演；課程結束後，也會再次詢問他們學到了什麼。這些學生說，他們覺得非常感動，感受到相當大的震撼，重新體驗到自己的無限可能性。這樣的回饋非常激勵我們，因此，我們想要更有系統地整理出劇場的創新方法，提供給每一位有心認識「創意、戲劇與管理」的讀者參考。

雖然表演的創意方法充滿了化學性，就像爆米花那樣，沒有任何一顆長得一樣，卻總是有跡可循。因此，我們在這些年逐漸摸索出十種創意密碼：

一、肢體開發
二、擁抱信任
三、領導者與追隨者的角色關係
四、自我開發的感官創意體驗
五、想像力與創造力
六、肢體語言的深度探索
七、情緒體驗
八、團隊整合與領導
九、說故事的方法
十、呈現故事的統合能力

這十種創意密碼是「做中學創意體驗課程」中最奧妙的十個結構，每一種創意密碼都包含了許多項目。運用這些創意密碼時，指導者必須從一到十依序進行，否則無法達到效果。我們將自我開發放在第四項，主要是因為許多人很難開放自我，重新展開學習；唯有透過團隊，才能體驗開放自我的重要性，然後重新定義自我、開發自我。

每一次運用的創意密碼項目不同，感受到的體驗也完全不同。有趣的是，每個團隊成員開發自我的深度不同，團隊傳達出的體驗也會因此完全不同。而且，領導者想要透過這些體驗進行的團隊功能目的不同，所導引出的意義與效果當然也大不相同。這是具有化學變化效益的課程，單一使用無法達到吸取營養的功能，必須長期使用才能達到療效。

我們不是在賣膏藥，而是在告訴你攝取營養的基本常識。

一、肢體開發

為什麼要開發肢體？克服僵化的肢體是為了改變與創新。試著將雙手伸向自己的腳趾頭，假如覺得是一件困難的事，就會發現你的肢體語言有多麼僵硬與封閉。我們必須鬆開已經僵化的肢體，腦袋才會變得柔軟且靈活。想想周遭的人，當你抱怨他們冥頑不靈、食古不化，總是重複做著自己擅長的把戲，試著觀察他們的肢體語言，就會發現他們的肢體多麼僵硬且不自然，絕對不會有人喜歡那麼僵硬的身體。同樣地，用相同的標準來檢查自己就會明白，柔軟了僵化的肢體等同於柔軟了僵化的腦袋。

「創新就必須改變」，不改變自己的身體，就無法找到全新的語言來傳達新穎的看法。因此，必須先改變自己的肢體語言，才有可能找到創新元素。

想要改變肢體語言，必須先對自己的身體產生好奇，認識我們這個奇妙的身體，想想身體是由哪些部位組成。然後，我們要試著瞭解身體的形狀與極限，知道自己的身體能做哪些事情，並且學會輕鬆擺動肢體，學習用自己的肢體煽動自己的情感；唯有情感在身體中產生動能，別人才能被你感動。

二、擁抱信任

擁抱是人類最為可貴的一種行為，它帶來溫暖與倚靠。學會擁抱則是信任的第一步。

在團隊合作中，「信任」是十分重要的主題，每個人都希望自己能與他人互相信任。然而，發展信任關係的每一個步驟都要相當謹慎，必須運用良好的方法，才能達到信任的溝通與條件。同時還要細心執行每一個細節，全神貫注在彼此身上，信任才能由此而生。

信任是一種團隊合作，是讓對方感受到安全的一種過程。團隊中的信任感是承接責任，必須具備足夠的承擔責任能力，團隊成員才能充滿信任感。

三、領導者與追隨者的角色關係

每個人都可能同時是領導者與追隨者。身為領導者，必須思考領導方法能不能有效地貫徹執行？若是身為追隨者，如何接受領導者的指令，有效服從且確實執行？有沒有思考過如何做好這些細節呢？

你知道做為領導者的基本條件是什麼嗎？能不能讓追隨者清楚知道你的意圖與進行步驟呢？同樣地，身為追隨者，有沒有足夠的能力與專注力跟隨領導者呢？

想要體悟領導者與追隨者的角色關係，必須學會照鏡子。這不是指單純面對著一面鏡子，而是與另一名夥伴進行「鏡子」活動，就會清楚明瞭引導與追隨的關係。我們會在後面的章節詳述這項活動的進行方式與內在涵義。

四、自我開發的感官創意體驗

任何一種創作都與感官有著非常密切的關係，而感官的開發就是想像力的延伸。開發感官非常著重細膩度，我們必須細膩地品嘗生活中的每一種感受，尋找適當的字眼將這些感受表達出來。

開發感官更需要的是專注。想像自己是手錶內的一個零件，因為缺乏專注而停頓了一拍，這支手錶還能精準嗎？勞力士錶絕對不會允許這樣的手錶和零件存在。因此，專注在自己身上，專注在團體節奏中，絕對有其必要。只要有系統地使用自己的身體，就會形成慣性；熟悉了慣性，就會變成習慣。對於每一件事情，首要態度就是專注；不但要專注在當下的自己，也要專注於外在的變化。

五、想像力與創造力

我們跟別人都有相似之處，也有很大的不同。想要找出彼此的共同性與差異性，首先必須檢視自我，其次要學習觀察並欣賞他人。學會模仿與欣賞是必要的方法，但是，單純的模仿只會矮化自我，單純的欣賞也不會提升自我的品質，必須從細節開始修正與學習。

模仿可以開發認識自己和記住別人的能力，因為人們既相同卻又大不相同。模仿也是創意的開始，我們必須記住別人的特徵，有時候，創意與靈感是意外或隨機迸發出來的。假如你是一件物品，你會想像自己是什麼東西？如何分類你自己？會被放在博物館的哪個位置？此外，你也可以選擇一種物品，觀察它的使用功能與動作過程，畫出它的動作線條，聽聽它會發出什麼聲音。

關注細節是模仿的必要條件，也是發現創意的重要關鍵字。

有時候，一開始產生的創意並不是那麼有意義，但是在進行中就會慢慢出現。

不要問某件事情有沒有用，一旦元素進入時，意義就會出現了。想像力都存在於我們大腦中，必須經過組織編排才能產生創意效能。

六、肢體語言的深度探索

深度開發並運用肢體語言，可以讓各類表演藝術家運用千變萬化的組合，創造出人類的肢體美感。如何運用身體表現出這些肢體動作的密碼？你可以聯想到哪些畫面與聲音？如何運用情緒、聲音、表情和肢體語言呈現出來？事實上，我們的聯想力與創造力都是經由感官體驗與歸納而形成系統，只要有效操作系統，創造力就會綿延不絕產生有效的連結。

創造力的產生方法有許多種，每一位藝術家與企業家創造的方法各有巧妙之處，運用身體去探索和表達是尋找創造力的祕方。例如，想要表演羽毛，除了輕盈還能想到什麼？想要表演老鷹，除了飛行還能想到什麼？想要表演螺絲釘，除了轉動還能想到什麼？想要表演按摩椅，除了按摩還能想到什麼？想要表演蒼蠅拍，除了打蒼蠅還能想到什麼？想要表演招財貓，除了向人招手還能想到什麼？想要表演皮帶，除了鞭打還能想到什麼？想要表演拳擊手套，除了出拳還能想到什麼？

除了動動你的腦袋，也動動你的身體吧！

七、情緒體驗

角色扮演需要方法：首先必須體驗自我、感受自我、發現自我的特質，進而創造並更新自我。過度重複使用既有的自我認知，只會陷入老舊與僵化的情境中；每天都要創造自我並發現自我，才能體悟到全新的能量與體驗。為什麼會選擇這種角色？我要如何扮演？體驗到哪些感受？這個角色遭遇到的困難中，有哪些是我遭遇的生活情境？我們要運用同理心與角色產生連結，讓他人感同身受。

八、團隊整合與領導

在團隊中，最重要就是學會接納各種意見，才能成為創造時勢的先驅，否則就只是僵化的團體，等著被後浪淹沒。然而，完全模仿並強迫植入未加思考的元素，很可能導致全盤失敗。因此，加入其他團隊的成功元素時，必須考慮各種因素，並找出自身團隊的特殊性與差異性。絕對不能故步自封，也不能完全模仿，唯有注入改良後的有效元素才能產生功效。

團隊結合的元素如何產生有效的功能？結合各項元素後啟動功能，會更加暴露缺點，還是產生更有效的功能狀態？團隊運作時，個人與群體的關係為何？感受到什麼？如何重新安排日常工作，進而產生創意？團隊產生創意的方法是什麼？這些都是每一個團隊必須思考的問題。

九、說故事的方法

首先要尋找並決定主要角色，你的故事至少需要六種角色。其次，你要決定故事的主題與發展路線，畫出一張生命地圖。最後，找出故事中最特別的地方。

如何從「我」變成「我們」？底下是建構創意團隊的方法：

一、找出影響我們最深的三個人物與「我們」的連結。

二、創造一句廣告標語來形容「我們」。

三、規劃「我們」的生命藍圖。

四、連結「我們」的品味與事業。

五、「我們」如何產生影響力？

六、「我們」不斷傳輸的共同信仰是什麼？

七、「我們」讓顧客體驗的美好經驗是什麼？

八、找出「我們」這個生命共同體的連結方法。

九、「我們」的事業是一種信仰，也是一種感動行銷的方法。

十、「我們」要如何準確展現作戰計畫，並且達成任務？

十一、「我們」如何帶領團隊努力衝刺？

十、呈現故事的統合能力

從故事發想、故事編排、演員組成、舞台布景和服裝道具的運用，一直到排演與演出，這是一種團隊工程。在這段過程中，每一個團隊面臨的問題總是不斷重複：整合、爭吵、溝通、協調、堅持與改變。每一齣戲的幕後都可以另外寫出一個故事，從演出中磨合、創建，每個人都可以重新體驗到自己的無限可能。

但是每個故事卻又一再重演，而這群人還是繼續創作。

其實我們都是在這樣的工作場景之中生活著，不同的是，我們會祝福別人的離去，因為我們相信那是他最好的選擇。而爭吵只是為了更好的品質，不是針對個人；所有的溝通、協調、堅持與改變，都是因為擁有共同的願景：描述這個世界的各種生活，讓所有人受到啟發，進而激勵他們完成自己的夢想。這真是一件大工程，也是構築生命藍圖的工程。

現在，請各位讀者放下各種既有的成見，打開你們的心靈與各種感官，攤開你們的地圖，開始啟動你們的創意之旅和冒險故事。

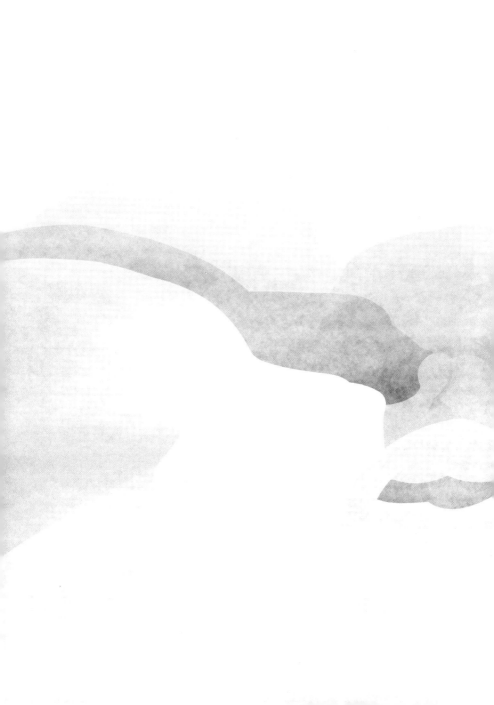

Chapter 2 演出

戲劇與團隊

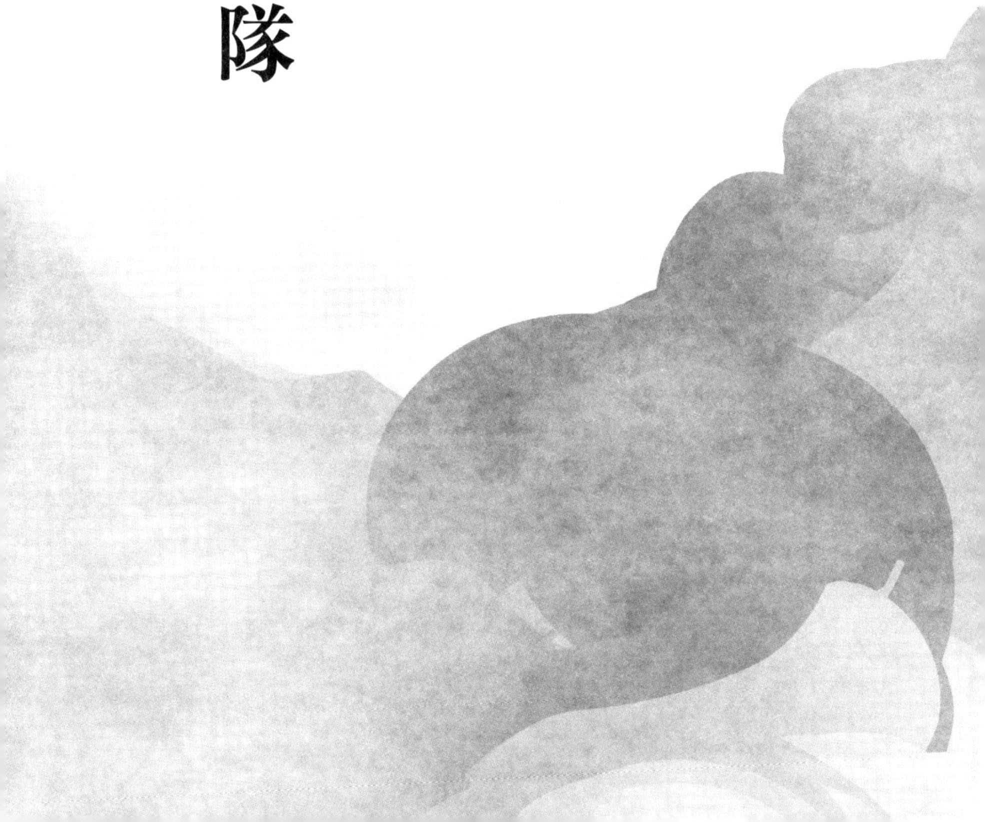

團隊號召與成形

在劇場的表演訓練中，我們不會僅止於傳授理論，而是透過許多「劇場訓練遊戲」，促使每個團員互相認識熟悉、凝聚共識，增進彼此的信任感，建立起緊密依賴的堅強團隊，最終完成團隊任務：呈現完美的舞台演出。

在這段過程中，每個人都持續學習如何領導他人；然而，更多時候是在學習如何被他人領導。而且，想要完美達成團隊任務，還要具備感動人心的說故事能力，以及打造高潮起伏劇情的創造力。

創意、戲劇、領導與管理，四者密不可分，這就是我們在EMBA開設戲劇課的關鍵原因。而舞台演出所需的各種技能與心法，完全可以同步應用在商場上各個領域。

建立團隊的第一步就是號召團隊成員：如何將「一群人」變成「一個團隊」？透過許多活動與遊戲，我們可以集合一群人，讓他們開始互相認識、彼此熟悉，逐漸變成一個團隊。

時勢造英雄

首先，不論是十幾個人或上百個人的團體，都可以進行「猜拳一條龍」這項活動，讓所有人初步接觸與認識，進一步體會領導與團隊合作的真諦。

所有人平均分散到各個角落，要他們各自想出一個簡單的動作；當然，為了避免尷尬，我們會禁止參與者做出任何不雅的動作。然後播放一首節奏明快的動感歌曲，讓參與者跟著音樂節奏隨意走動，一邊做著他們自己的動作。

在我們的控制下，音樂會隨時中斷；音樂中斷時，相鄰的兩個人就互相猜拳，猜輸的那個人必須跟在贏家後面。接著繼續播放音樂，兩人一組的小團隊一樣四處走動，但是輸家必須放棄原本的動作，轉而模仿贏家的動作。然後音樂又中斷，鄰近的兩個小團隊再次互相猜拳，猜輸的團隊一樣要跟在猜贏的團隊後面，變成四人一組，輸家仍然要模仿贏家的動作。這個遊戲就依照這樣的規則持續玩下去，玩到最後只剩一個贏家。

此時，最終贏家的身後是一大串輸家，每個人都必須隨著音樂節奏模仿贏家的動作，跟著贏家四處走動。

這是吳靜吉博士去日本參訪後帶回的一種活動，一群年近半百的ＥＭＢＡ學生玩這樣的遊戲，從尷尬到熱絡，到後來甚至有人為贏得勝利者歡呼。為什麼要進行這種活動呢？因為我們覺得，這項活動與工作領域息息相關。

古人說「大智若愚」，看起來愚蠢的事情，其實蘊含著一番道理。參與這項活動的成員來自四面八方，具備各自的專長與成就，更何況他們是ＥＭＢＡ學生，個個都是職場的一方之霸。但是，來到了同一個團體，某些時候你就是必須聽他的，有些時候他就是必須聽你的，同時學習領導別人以及被別人領導；更要學習團隊合作，以利共同完成任務。

每個人都具備不同的能力，團隊合作就是分工合作，讓每一個成員專心發揮自己擅長的事情，補足其他成員不擅長之處。這樣就會產生正向循環，每個人都有更多時間發揮自己所長。

組成團隊的方式有很多種，有時的確帶有機運成分，猜拳就是一種機運。然而，即使猜拳只是一種機運，猜贏的就是贏家，猜輸的就必須心甘情願跟在贏家後面，做出贏家指定的動作。反映在職場上，不論團隊領導者是根據什麼樣的遊戲規則而產生，不論被領導者是否心服口服，為了達成團隊任務，被領導者都必須放下自己的身段與矜持，以團隊任務為重。

這項活動的目的，就是要迅速融合團隊成員。剛進入團隊時，每個人都是平等的；建立團隊的第一件事，就是去除原本的階級，而猜拳比輸贏就是拿掉階級的好方法。每個人的機率都是二分之一，階級或成就較高的參與者可能會猜輸，階級或成就較低的參與者很可能反而是最後的大贏家。

所以，從這個遊戲中也可以看出，有些人的能力其實不怎麼好，說穿了就是走狗屎運或背景雄厚，卻因緣際會成為時勢造出的領導者。這項活動可以讓每個人深刻反思：你能變成團隊中的領導者，到底是因為能力強還是運氣好？假如是後者，是不是應該態度更謙虛、心胸更開放，給予被領導者更大的發揮空間，而不是一意孤行、剛愎自用，逐步將團隊帶向毀滅？

進行這項活動時，我們的指令是設計「簡單」的動作。有人會用四肢比畫動作，有人會擺動或扭曲身體，但就是有些人會故意做出很困難的動作，為難跟在他身後的那群人。所以，我們不時會看到這樣的畫面：帶頭的贏家興高采烈、手舞足蹈，後面跟著一長串表情痛苦、肢體扭曲、動作不順的輸家，整個團隊缺乏和諧一致的美麗畫面。

這種不美麗的畫面促使我們思考一個問題：假如領導者能力很強、速度很快，他的團隊夥伴卻始終無法跟上，這樣的團隊會成功嗎？這是有效的團隊嗎？

在這個遊戲中，前面帶隊的贏家應該經常回頭，看看後面被你帶領的輸家能不能做出跟你一樣的動作。如果他們做不到也學不來，是不是該反求諸己，調整自己的動作，試著讓所有被你帶領的輸家做出跟你一模一樣的動作？

同樣地，職場上的領導者不是自己能幹就好，而是必須帶領團隊發揮最強的戰力。領導者光芒萬丈，被領導者黯淡無光，這絕非有效的團隊。有時候，被領導者表現得其實比領導者還好，領導者必須虛心接受事實，承認自己並非最能幹，甚至退到隊伍最後面，細細觀察他的成員如何表現。

優秀的領導者會讓團隊成員有發光發熱的機會，帶著他們邁向成功，而不是一直高高在上走在前方，只允許鎂光燈永遠打在他身上。

有些人不解，為什麼這項活動要搭配節奏明快的動感音樂？其實，並不是每個

人都天生具備良好的節奏感，這是需要訓練的。同樣地，領導者也要掌控企業的節奏，一旦節奏亂了，公司也會跟著亂掉。不論是領導者或被領導者，工作時都必須有適當的節奏，團隊才能有默契地前進。

當然，在舞台上演出也必須搭配適當的節奏。至於如何訓練節奏，我們會在後面的章節詳細介紹。

傾聽別人的故事

不論是領導者或追隨者，都必須具備一種非常重要的能力，那就是「傾聽」；唯有學會傾聽，才能發現真正的問題所在。因此，在劇場的表演訓練中，我們一定會進行一種活動，讓大家學習傾聽。

猜拳一條龍，輸家必須放棄原本的動作，轉而跟在贏家後面，並模仿贏家動作。

兩個人一組，彼此傾訴事業中最成功或最失敗的案例，以及最深刻的人生經驗。我們規定傾聽的一方只能說「然後呢」，而且在另一方說完之前不能插嘴，尤其是帶批判性的插話。每個人都要仔細聆聽對方的話語，認真體會對方的感受，瞭解對方為什麼會說這個故事給你聽。

所有人說完自己的故事後，我們再將他們分成人數適當的小組，然後要求每個人重複自己剛剛聽到的故事，簡略說明故事重點。當小組成員聽完所有的故事之後，就共同選出一個最值得分享的故事，說給在場所有人聽。

在這段過程中，你聽到了什麼，重點是什麼，能不能重複述說一遍，能不能說出故事中蘊含的意義，這是一種非常重要的訓練。許多人常常聽不到重點，誤會別人的意思，這有兩種可能性：一是不專心聽，一是沒有判斷能力。

若是不專心聽，我們要想辦法改變這個人的態度，因為他只喜歡侃侃而談自己的想法，不願聆聽別人的心聲。問題是，即使是權傾一時的國家領導人，即便是英明蓋世的企業領導人，都不可能永遠做出正確的判斷；一定要時時傾聽部屬的建議，才能避免國家或企業毀於一旦。

若是沒有判斷能力，更必須經常進行這種傾聽訓練。如果連傾聽單一故事都抓不到重點，一旦訊息更大量、更雜亂時，很可能只能原地打轉，完全不知所措。並非每個人說話都直來直往，願意清楚說出自己的真正意思。有些人說話十分含蓄，有些人用字遣詞比較隱晦，他們說話的方式不是我們熟悉的，我們常常以為自己聽懂了，其實卻誤解了對方的意思。因此，一定要認真學習傾聽，學會抓到重點，才能跟其他人進行有效的溝通。

在前面的章節中，我們一直強調領導人必須具備優異的說故事能力；然而，除了說自己的故事之外，聽到別人的故事會產生什麼樣的感受，如何分析別人故事中的蛛絲馬跡，也是領導人必備的能力。人們習慣很快就對別人的論述下判斷，卻常常因此無法聽到對方真正要傳達的訊息。

我們往往急於表達，不願耐心傾聽。我們常常聽而不見，只有耳朵在聽，沒有用心思考，錯過許多有用的訊息。傾聽是一種能力，先學會聆聽別人說話，才知道如何跟別人說話。經理人或領導者切勿只能口若懸河，更要學會用心傾聽。傾聽能讓腦袋吸收到正確資訊，協助你做出正確的決策。傾聽也能讓你聽到許多激勵人心、警惕世人的故事，做為人生的借鏡。

不論是主管或員工，傾聽都非常重要，不願傾聽就不容易聽到對方深層的內容，就會曲解對方的要求。沒有傾聽就沒有團隊，傾聽是團隊合作的必要條件。

練習傾聽時，必須將注意力全然放在對方身上，根據對方說話的內容表現適當的肢體動作，雙眼也要投射出有感情的回應。這些動作都是要向對方表明我們確實認真在聆聽，也是在鼓勵對方繼續說下去。

願意分享真心話時，就表示信任對方。我們不會懷疑對方是否偷偷錄音，也不需擔心對方會不會任意散播我們說過的話，而是選擇一開始就信任對方。這樣的信任會互相感染，雙方才能敞開心胸、真心溝通、用心聆聽。

一旦心中有所疑惑，對方也會有所感受，彼此的距離就會拉得更遠。先讓別人願意信任我們，而不是先判斷對方是否值得信任，團隊的信任關係才能建立起來，傾聽才能發揮最大效果。

很多人喜歡聽吳念真說故事，因為他的聲音帶有濃厚的情感；然而，更關鍵的應該是，他說出的故事往往帶著深刻的意涵。許多廣告詞都是吳念真自己寫的，為什麼他那麼會說故事？其實，他不是那種靈感說來就來的創作型高手，但是他很會聆聽別人說話，所說的故事都是自己聽來的。他用心傾聽，聽得到重點，聽得到別人言談中的深刻意境，這些統統變成他說故事的素材和養分。

除了優異的創造力，吳念真具備了更厲害的傾聽能力。因此，**學習傾聽不僅是團隊合作的必要條件，也是訓練創造力的必要方式**。

取個容易辨識的綽號

ＥＭＢＡ學生若非企業主，就是高階經理人，在職場上各有各的一片天。來到戲劇課堂上，我們必須把他們的關係拉到完全平等，才能建立緊密有效的團隊。雖然每個學生都是一方之霸，但是企業規模與職位高低終究有所差異，遇到職位很高的高階經理人或是企業頗具規模的大老闆，其他同學可能會比較禮遇，甚至傾向讓這個人整合所有人的意見。然而，一旦戲劇課堂上出現這種不平衡的狀態，團隊建立就會出現問題，畢竟這門課要求大家必須同時學習領導與被領導。

為了避免各種不同的職稱在課堂上滿天飛，我們會要求學生取綽號，而且他們的綽號必須是個物件，花瓶、河流、大海、草莓、香蕉、芭樂都可以。當董事長和經理人的關係變成花瓶與河流時，那就是平等的關係，團隊就不會出現「上對下」的溝通，而是「完全平行」的溝通。

除了打破職場階級的高低，取綽號還有一個非常重要的意義。選定一個綽號之後，必須好好想一想自己為什麼會取這個綽號？對你而言，這個綽號有什麼特別的意義？

每個人的名字都是父母給予的，自己無法作主；然而，綽號卻是自己想出來的，是我們送給自己的禮物。當我們仔細思考為什麼會取這樣的綽號時，可以藉此重新認識自己；某種程度上，這是一種「重新開始」的歷程。

例如，某人取了「大海」這個綽號，因為他希望自己的創意如同大海廣闊無垠；這是他對自己的期許，也為自己重新賦予了生命意義。又例如某人取了「桌球」這個綽號，不僅是因為他熱愛打桌球，更是因為他成年後開始學習用左手打桌球；某種程度上，這是在彌補小時候從左撇子被改成右手拿筆舉箸的深刻遺憾。

戲劇課堂上要時時發揮創意，想辦法讓別人迅速記住你的綽號就是一種創意展現。你必須使用有創意的方式，讓所有人知道你為什麼取這個綽號，讓他們很容易記住；或許是名字的諧音，或許跟身材相關，也或許跟長相有關。

第一次在舞台上登場時，必須運用簡單的肢體動作或簡短的一句話，清楚建構你的角色，讓台下觀眾迅速認識你，留下深刻的印象。同樣地，當你在職場上第一次跟客戶碰面時，也要運用簡單又有創意的方式，讓客戶瞭解你的特色，並且立刻記住你。

另一方面，當別人在課堂上介紹他的綽號時，你也要運用有創意的方式，不論是圖像思考或是文字聯想，試著在最快的時間內記住他的綽號。例如你的綽號是「水管」，剛好你瘦瘦高高的，我就可以根據這樣的身體特徵來記住你，即使你取這個綽號並非因為身材瘦瘦高高也無妨。

戲劇課程的訓練看似簡單，其實都深藏著豐富意涵。僅僅是「取綽號」這麼簡單的一件事，就具備團隊建立與發揮創意的功能，更帶有「重新認識自己」的深刻意義。

對鏡中人產生同理心

在戲劇課程中，有一種非常重要的訓練：「照鏡子」。兩人一組，彼此面對面，就像攬鏡自照，一個是主人，另一個是鏡中人。搭配著優美柔和的緩慢音樂，主人做什麼動作，鏡中人就要跟著做出那樣的動作。做完一遍後，兩人互換角色。

表演訓練強調觀察力與模仿力，必須先擁有細微的觀察力，才能具備精準的模仿力。在這項訓練中，我們非常強調「慢」，主人要緩慢地做動作，慢工出細活，愈慢愈好。唯有維持緩慢的動作，鏡中人才有辦法精細觀察主人的一舉一動；也唯有在緩慢的動作中，所有的細節才能展露無疑，鏡中人才能做出跟主人一模一樣的動作。

攬鏡自照時，除了左右顛倒，鏡子裡那個人的動作與速度跟你分毫不差，對吧？這項訓練的要求就是如此，鏡中人必須精準觀察並模仿主人的動作；唯有具備優異的觀察與模仿能力，才能在舞台上呈現各式各樣精彩的表演。

其實，不僅是鏡中人必須仔細觀察主人，主人也必須細心觀察鏡中人。有些主人的筋骨非常柔軟，可以做出高難度肢體動作，但是鏡中人做不到啊！因此，主人做出任何動作時，必須觀察鏡中人能不能做到；假如鏡中人做不到，主人就必須探索彼此之間最大的可能性，找到最大的交集點。

這也是一種同理心的訓練，因為我不會故意為難你，超出你的能力範圍。在戲劇中必須運用同理心，深入瞭解自己扮演的角色，才是合格的演出。假如主人故意為難鏡中人，做出高難度動作，讓鏡中人左支右絀；一旦角色互換，報應很快就回到自己身上了。

職場上何嘗不是如此呢？何嘗不需將心比心對待團隊夥伴呢？假如速度較快、能力較強的夥伴完全不顧及落後夥伴的窘境，不願包容他們，甚至不願伸出援手、放慢速度，讓落後的夥伴有調整的機會，這個團隊早就已經四分五裂，也失去了團隊精神。

發現鏡中人跟不上你的動作時，就要放慢速度；發現鏡中人做不出你的動作時，就要調整動作。你可以重複同樣的動作，直到鏡中人完全理解。

願意分擔夥伴的重擔，就能幫助自己成為更優秀的領導人或團隊夥伴，因為你幫助了別人。每個人都會牢牢記住一件事：在他們最脆弱、最需要幫助的時候，是哪個英雄挺身而出、雪中送炭。當你被視為這樣的英雄時，你的團隊將牢不可破、無堅不摧。

帶領團隊時，同理心非常重要；經營企業時，更是需要同理心來瞭解目標客群在想什麼，才能精準打中他們的需求。許多企業愈來愈重視人類學，甚至會聘用人類學家做為行銷顧問，因為人類學最重視田野調查，這就是一種同理心的運用。

生產商品時，事先進行田野調查，或可減少許多自以為是的錯誤。例如製造超市推車，先實地走訪超市，觀察超市的走道有多寬，才能製造出寬度適中的推車。

推車太寬會造成顧客發生碰撞，引發顧客抱怨；推車太窄又會減少容納量，可能因此降低顧客的購買欲望，拉低客單價。唯有具備同理心，才能讓顧客覺得舒適，得到他們的青睞，業績蒸蒸日上。

「照鏡子」是存在已久的一種活動，不限於戲劇領域的訓練。EMBA學生都是高階主管甚至大老闆，距離基層員工已經有點遙遠了。在這項活動中，主人就是領導者，鏡中人就是追隨者。領導者做動作時，最完美的團隊表現就是天衣無縫、分秒不差，兩人的動作完全看不出差別。如果領導者不在乎追隨者，動作就會不協調，所以我們始終強調用心與緩慢：主人用心理解鏡中人，鏡中人用心理解主人，透過緩慢的重複模式變成超強團隊。

領導者必須清楚瞭解追隨者的能力，不要做出超乎追隨者能力的動作。要讓追隨者慢慢突破，不要讓追隨者覺得自己很笨，永遠突破不了。堅強團隊絕對不是一朝一夕形成的，而是要不斷磨合、慢慢融合而成。

進行這項活動時，我們也會禁止做出不雅的動作，這同樣是一種同理心的展現。領導者不能強迫追隨者做出不想做的事情，尤其是違反道德良知或法令規章。想要維持團隊，就必須容忍個別差異性，不要強迫別人接受不好的東西。

此外，我們也規定主人不能轉身背對鏡中人，因為鏡中人也要跟著轉身，這樣就看不到主人，接下來就無所適從。如果領導者都只是把事情擺在心裡，不告訴團隊夥伴，追隨者就猜不透領導者在想什麼，團隊很快就會瓦解。

做完這項活動後，我們會選出幾個小組，讓其他人猜猜誰是主人，誰是鏡中人。當主人和鏡中人配合得天衣無縫時，其他人很難猜得出來，這就是完美的團隊合作。

「照鏡子」可以引發許多反思：你有沒有好好跟部屬溝通過？有沒有好好帶領你的部屬，讓他跟你一樣傑出？身為主管，當你抱怨老闆時，是否曾經思考自己是用什麼心態面對部屬？或者，身為部屬，你是用什麼心態面對自己的主管？

照鏡子，兩人的動作天衣無縫、分秒不差，就是最完美的團隊表現。

認真體會這項活動，絕對讓你受益良多。

請跟我來

「照鏡子」這個遊戲有個進階版「Follow Me」，可以算是動態版本。

同樣也是兩人一組，面對面站好。一人是領導者，舉起右手；另一人是追隨者，舉起左手。領導者的右手手掌面對著追隨者的左手手掌，保持一個拳頭的距離，彼此不要觸碰到。等我們一下指令，領導者就開始四處移動，任意揮動他的右手。最重要的一點是，不論領導者如何揮動他的右手，不論領導者移動到任何地點，追隨者的手掌都要跟上領導者，而且手掌心必須一直面對著，始終保持一個拳頭的距離。

在「照鏡子」中，參與者只能原地擺動肢體，不能移動位置，動作要盡量緩慢；但是在「Follow Me」中，除了擺動肢體，還能移動到任何地方，而且領導者可以任意調整速度，忽快忽慢隨他高興。因此，雖然我們在「照鏡子」中非常強調觀察力，這裡就不特別強調了，只要求追隨者的左手必須緊跟著領導者的右手。「照鏡子」可以讓你看到彼此細膩的情感，「Follow Me」要測試的則是追隨者的速度與反應。

在這個遊戲中可以看到各式各樣的領導者，觀察他們如何帶領追隨者。有些領導者會設計出讓自己很輕鬆卻讓追隨者很疲累的動作，有些領導者則是讓自己和追隨者都輕鬆自在；然而，也有一些領導者會把自己搞得很累，追隨者卻是輕鬆愜意。遊戲中呈現出哪一種樣貌，端看領導者如何設計動作、調整速度、移動位置，這些樣貌其實非常類似職場的縮影。

而且，動態活動的速度較快，必須迅速調整與回應，我們也可以從中觀察每個人的本性。

領導者帶領團隊時，應該讓追隨者感覺舒適，就像在跳華爾滋，彼此的前進、後退與轉身都搭配得剛剛好，令人賞心悅目；然而，有些領導者就是存心不良，滿腦子想著虐待別人，喜歡把追隨者搞得很亂。一個團隊會呈現出什麼樣的成績，就看領導者抱持著什麼樣的心態：有人喜歡看到團隊跳著華麗的舞姿，享受榮辱與共的成就感；有人卻喜歡看到部屬繞著他團團轉，享受高高在上的優越感。

在職場上，許多人只記得卯足全力向大人物證明自己的優秀，卻忘記更重要的一件事：向自己的團隊證明自己靠得住。帶領團隊要具備同理心，團隊會產生衝

Follow Me是「照鏡子」的進階版，測試著追隨者的速度以及反應。

突，都是因為無法理解團隊夥伴的心思。我們必須學習適時激勵團隊，也要學習適時回頭拉住落後的夥伴。

我們透過玩遊戲讓大家思考，在每一件事情發生的當下，如何考量各種因素？我們不會事先讓參與者知道遊戲目的，只是提供遊戲方法，先讓大家盡情玩樂，充分體驗並感受，沉澱後再整理出心得。假如事先讓參與者知道遊戲目的，就無法玩得盡興了，不會打開感官，也不會衝破規範與限制，因為你已經知道這個遊戲對你的期待是什麼。唯有毫無顧慮地打破限制，才有可能發揮創意。

職場上存在著許多規範，每個人多少都會受到某些限制。參與遊戲可以讓你充分發揮自我，深入理解自己是什麼樣的人，瞭解自己的極限有多大。透過遊戲觀察自己和別人，看看彼此的能力與極限可以發揮到什麼地步，往往會呈現出最真實的一面。

與他人連結又有效益的自我介紹

我們劇團在甄選演員時，都會要求應徵者利用短短的一分鐘介紹自己。同樣地，在各種求職或申請入學的面試場合中，主考官通常也會要求應徵者在短短幾分鐘內自我介紹。

姑且不論中年人，即使是剛出社會的年輕人，也經歷了二十多年的歲月。如此

「漫長」的一生，怎麼有辦法在幾分鐘甚至一分鐘內說清楚呢？

這就是考驗創意的時刻，要求你在「被限制的範圍內」呈現最精彩的演出。現代人時間都很寶貴，沒有多少人有時間聽你慢慢拆解王大媽的裹腳布、又臭又長地回憶你的人生。每個人都必須發揮創意，在最短的時間內讓人留下最深刻的印象。

因此，我們會在戲劇課堂上要求學生做一項功課：使用簡短五句話，每一句話搭配一個動作，介紹你自己。

第一次幫某個單位進行教育訓練時，我們就要求受訓人員做這項功課。訓練後沒幾天，那個單位的主管告訴我們，這項訓練實在太有用了。他是保險業務人員，只用了簡單五句話就立刻讓客戶印象深刻，同時解答客戶想知道的事情，客戶很快就買單了。

假如有人要你設計出一種比名片夾更輕薄短小的外殼，裡頭卻要塞入更多東西，你會想到什麼？雖然外型被局限了，內容卻沒有被限制，創意就會因此到處紛飛，產生無限的可能性。比名片夾還小的外型卻塞入永遠聽不完的歌曲，iPod就是這樣誕生的！這是iPod最好的自我介紹。

同樣地，這就是「五句話五個動作介紹自己」的用意，試著逼出你的創意。不論時間長短，自我介紹都要提到真正的關鍵，甚至必須事先瞭解對方最在意的是什麼。假如你要甄選劇團演員，卻一直強調自己喜歡游泳、享受美食，絕對無法讓人眼睛為之一亮，因為這跟舞台表演沒什麼關聯性。然而，假如你告訴我們，你很會跳舞，也會說相聲繞口令，甚至會縫製衣服製作道具，我們絕對立刻錄取，因為每一項都是舞台表演的關鍵技能！

領導者更是需要培養這種技能，在最短的時間內讓舞台燈光聚焦在自己身上，在茫茫人海中脫穎而出。每個人都會立刻認識你，你的專業形象會瞬間刻畫在他們的心版上。

演員在劇場舞台出場亮相時，同樣必須自我介紹，一出場就要讓觀眾知道你是誰，扮演什麼角色。例如，某個演員一上台就用訓斥的口吻對著另一個人說：「幹嘛，為什麼還在吃東西，什麼時候交報告？」台下觀眾一聽，就知道這個人應該是老闆。你不需要告訴大家你是老闆，只要簡單幾句話幾個動作，觀眾就知道你是誰，這樣才有創意；只有沒創意的人，才需要愚蠢地貼個標籤告訴觀眾他是誰。

同樣地，哈姆雷特出場時，不需告訴觀眾他是王子，他一鞠躬、說幾句話，擺出王子應有的肢體語言，所有人就知道他是王子了。

不論是否參與戲劇演出，每個人都應該經常練習「五句話五個動作介紹自己」。透過這樣的訓練，發掘身上更多與眾不同的特色，讓你的角色更寬廣，讓別人迅速認識你。當別人清楚你的特色與專長，需要你幫忙的時候，就會立刻想到你，這不是最好的行銷方式嗎？

情緒、符號與記憶

聽了別人的故事，取個響亮的綽號，透過照鏡子觀察夥伴，用簡單五句話讓別人留下深刻的印象。此時團隊漸漸成形，到了更進一步熟悉團隊夥伴、建構團隊履歷的時候了。

建構團隊履歷的過程中，我們會進行「快樂地與不快樂地」這樣的活動。首先，我們請每個人想想生命中最快樂或最不快樂的事情，然後請他們用報紙摺出一種東西，象徵這件快樂或不快樂的事情，例如房子或棒球手套。接下來，幾個人圍成一個小組，手上拿著報紙摺出的東西，輪流將快樂或不快樂的事情分享給其他人聽。最後再根據每個人摺出來的東西，共同討論這個小組的共通點，創造屬於這個團隊的履歷。

在團隊中，我們必須展現自己的過往，讓別人瞭解我們。當你聆聽別人的小故事時，彼此就會產生連結，也會更深入認識彼此，這樣的熟悉度會塑造出更緊密的團隊情感。

為什麼要用報紙摺出關於快樂或不快樂的東西呢？說故事的時候，若是佐以符號象徵，更容易讓別人體會到內心深處的情感；就像每個人看到十字架都會聯想到耶穌受難與基督信仰，這就是一種符號象徵。每一種符號象徵都可能讓人聯想到生命中的某件事情，對於同樣的符號，每個人的情感和聯想卻都不一樣。同樣是棒球手套，有人聯想到小時候跟父親一起打棒球的愉快記憶，有人反而會連結到遺失心愛手套的悲傷記憶。

美國劇作家田納西．威廉斯（Tennessee Williams）寫過一部極為有名的作品《玻璃動物園》（The Glass Menagerie），他就運用了一隻獨角獸做為劇中的象徵性道具。優秀的戲劇作品都會運用一些象徵性符號來強化故事內涵，我們同時也希望每個人都能找到自己生命中的象徵物品；如此一來，建構自己的生命故事時，更能看到歲月中的成長意義。

快樂地與不快樂地，用報紙摺出象徵快樂或不快樂的東西，並且輪流將快樂或不快樂的事情分享給其他人聽。

此外，每個人摺出來的東西也能組合成團隊的符號象徵，背後代表著團隊成員的共通點。這就像每一家公司的品牌符號，若非述說著這家公司的創業歷史，就是象徵著這家公司的企業文化。

這種活動運用在表演訓練時，就是所謂的「情緒記憶」。例如有人很喜歡小熊維尼，因為小時候擁有一整套小熊維尼故事書，令他愛不釋手。但是後來搬家時，一整套故事書竟然被媽媽丟了；對他而言，這實在是巨大的傷痛，一想起這件事就會鼻酸，眼眶泛紅。

因此，當他必須在舞台上表演難過的情緒時，可以聯想到整套小熊維尼故事書被丟掉的悲傷記憶，然後將這樣的記憶連結到目前的心境上，就很容易演出逼真的難過情緒。

身為專業演員，必須廣泛收集並且善用這種情緒記憶。擁有愈多情緒記憶，愈能幫助演員在舞台上呈現真實的情緒，台下觀眾因而感同身受，進而擴張故事的渲染力。

說出你的生命故事

關於生命故事，我們已經在前面章節說明得非常詳細，這裡要強調的是說故事的創意方法。

如何說出自己的生命故事，也是一種創意。為什麼會選擇說出這個經驗，讓別人印象深刻，進而很快認識你，某種程度也是一種行銷方式。

二〇一八年五月四日，吳靜吉博士指導的蘭陵劇坊在國家戲劇院呈現四十週年紀念作品《演員實驗教室》，就是呈現生命故事的最佳劇作典範。在這齣劇作中，每個演員都要擷取生命中的片段故事，讓觀眾知道這段故事對他的重大啟示。然而，即使談及相同的事情，例如金士傑和鄧安寧同樣提到發生在飛機上的事情，呈現出的形式與意義卻截然不同。

劇場如職場，戲如人生，你就是一個產品，必須由你自己來建構意義。從團隊建構的角度來看，團隊夥伴分享彼此的生命故事，是一項非常重要的活動。當你的夥伴挖心掏肺、肝膽相照地將他生命中的重要歷程告訴你，甚至在你面前痛哭失聲、悔恨自己的人生，就表示他願意全然信任你，把你當成神隊友。於是乎，真正的團隊就成形了。

回顧整個號召團隊成員的過程，每個人都是用最簡單的方式來認識彼此；更有趣的是，有時甚至憑藉著機運（猜拳輸贏）來形成團隊。每一次組成團隊都有不同的緣分，有時是有意識的選擇，有時則是順其自然，不盡然每一次都符合自己原本的期待。

認識團隊成員後，我們必須更熟悉彼此，傾聽別人生命中最深刻、最重要的經驗。然後，每一位成員都要取一個有創意的綽號，讓別人迅速記住，彼此開始產生連結。

透過各種活動，我們觀察彼此，產生同理心，在動靜之間提升團隊的契合度。最後，我們互相傾訴生命中最快樂或最不快樂的事情，分享生命過往的點點滴滴，互信互賴的團隊就此誕生。

想要呈現一齣完美的戲劇，同樣必須經歷這段過程，導演甄選演員就是在創造團隊。在這段過程中，導演深入瞭解每一位演員，激發他們的潛能；就像職場上的領導者，也要熟悉每個團隊成員，試著將他們的能力發揮到極致。

甄選出各種演員後，導演會召集分飾不同角色的所有演員。這些演員原本互不相識，但某些人可能要扮演共同生活了許多年的夫妻，導演必須安排各種活動讓他們互相熟悉，正式演出時的肢體互動與聲音表情才像是真正的老夫老妻。

同樣地，某些人可能也要扮演相識多年的好友，他們在現實生活中卻彼此陌生，因此導演還是要想辦法讓他們互相認識。當他們上台演出時，觀眾就會覺得他們真的像是多年好友。

舞台上的每一位演員彼此都有不同的關係，他們在戲劇中可能是親密關係，也可能是敵對關係，然而，現實生活中卻可能只是陌生人或點頭之交。像這樣必須將一群陌生人打造成互信互賴團隊的過程，不僅經常發生在劇場中，更是不時發生在職場上。

團隊分工與凝聚

在前一章，我們號召了「一群人」，進行一些活動與遊戲，讓他們相互認識、彼此熟悉，逐漸變成「一個團隊」。

團隊成形後，就要開始凝聚團隊，讓團隊成員充滿信任感，願意同舟共濟面對未來的挑戰與任務。在每一支堅強的團隊中，隊友會相互尊重，願意無條件相信隊友；而當隊友被賦予無條件的信任時，就會充滿足以處理各種突發狀況的爆發力，也樂於承擔各種任務。

缺乏凝聚力的團隊就像鬆散的水泥，必須加入水分才能凝固。戲劇課程中的各種活動就是水分，會凝聚鬆散的水泥，使得團隊堅硬無比。接下來，我們要在剛形成的團隊中加入水分，看看會產生哪些化學變化，進而凝聚出緊密堅實的團隊。

擁抱帶來凝聚，也帶來創意

不論在心態上或肢體上，「擁抱」都是一種開放的態度。對於各種人事物，若不願抱持著擁抱的態度，就很難發現新大陸。

人生在世，免不了必須面對重複的事情或工作，日復一日確實令人煩悶。然而，只要想辦法將工作變成創意，每天用不同的態度、心境和角色來擁抱工作，就會在重複的事情中發現全新的喜悅，也不會對周遭的人事物感到枯燥無聊。若是缺乏擁抱的熱情，人生很難常保喜樂之心。

抱持著擁抱的態度，可以解決許多問題，突破很多困難。擁抱帶來快樂，心情若是愉快，時間就會過得特別快，迅速度過難關。人們不是常說「歡樂的時光總是過得特別快」嗎？

擁抱讓我們時時充滿喜悅，就像每天在玩樂中工作，進而在玩樂中找到創意，激發創作能力。

凝聚團隊的第一步就是擁抱夥伴，因為擁抱可以建立團隊的親密關係。肢體接觸會產生非常特別的感受，想要鼓勵夥伴時，拍拍夥伴的肩膀跟口頭上說聲「加油」有著完全不同的效果；想要安慰夥伴時，張開雙手熱情擁抱夥伴也會產生令人驚奇的療效。

現代社會中，團隊夥伴的接觸愈來愈仰賴數位產品，實際距離也愈來愈遙遠，透過擁抱增加身體的接觸，可以拉近彼此的距離。事實上，男人只要回想年輕時跟哥兒們經常互動的肢體玩笑，例如「月下偷桃」或「阿魯巴」，就知道友善的肢體互動是增進感情的好方法，也會因此感受到朋友的熱情與溫度。年少時經常彼此「阿魯巴」的哥兒們，通常會建立起一輩子的友誼。

擁抱是信任的開始，建立彼此的連結性。

戲劇表演時，一定會產生肢體上的碰觸，我們會透過各種活動慢慢打破彼此的距離，尤其是異性之間的尷尬；從手肘開始接觸，慢慢延伸到肩膀和頭部，最後才是擁抱。在劇場中，身體是「中性的」，你面對的其他演員不是男性也不是女性，而是他們扮演的角色。我們必須透過各種角色彼此的關係，判斷如何進行肢體接觸，不同的身體語言會表現出不同的角色關係與情緒互動。

每個演員都要運用專業的態度跟其他演員進行肢體接觸。身體的姿勢會說話，演員登場後的肢體語言必須讓觀眾清楚他的角色，以及他與其他角色的關係。

在戲劇訓練中，各種角色彼此的關係不同，身體接觸的方式就不同。這個道理其實相當簡單，父女的身體接觸方式絕對跟情侶不一樣；假如這兩種關係的接觸方式居然一樣，劇情就曲折離奇錯綜複雜了。因此，進行表演訓練時，一定要打破身體的界線，也要打破男女的界線，精準呈現出肢體語言與關係，才能恰如其分展現角色彼此間的親密程度與仇恨程度。當我跟你的身體之間沒有那條陌生界線時，我們就是一個懂得表演的團隊了。

擁抱是信任的開始，建立彼此的連結性。在戲劇課堂上，我們會把所有人四處打散，讓他們搭配音樂隨意走動；音樂一停止，就要立刻找到一個同學互相擁抱。接著，這兩個互相擁抱的同學變成一組，繼續搭配音樂四處走動；同樣地，音樂一停止，趕緊找尋另一組同學互相擁抱，這四個人就變成同一組。然後再如法炮製一次，最後變成八人團隊。

每次擁抱另一個人或另一小組時，都要專注在對方身上，這是一種必要的練習。演員登場時，雖然分散在舞台上不同的角落，一舉一動卻都是有對象的。即使彼此的距離有點遙遠，他們的對白、眼神或肢體動作依然有交集，觀眾看到這些交集才會知道哪些角色彼此有所連結。

組成八人團隊後，我們會要求他們發揮創意，分別運用自己的肢體組成三種有順序的畫面。同時，我們也會規定幾項原則：

一、腦中必須有舞台的概念，運用肢體組合畫面時，八個人都要面對觀眾，讓觀眾看到每個人的臉龐。

二、組成各種畫面時，必須碰觸到其他夥伴的身體，不限哪一種接觸方式，也不限接觸到幾個人，就是不能完全不接觸。

三、不論這三種畫面有沒有特別的意義，每變換一次畫面，八個人都要移動到不同的位置，接觸到不同的夥伴，不能一直碰觸同一個人。

當然，我們希望團隊盡量發揮創意，分別賦予這三種畫面一個小主題，然後組成一個大主題。例如三個小主題分別是「受挫」、「沉思」和「勇氣」，組合後的大主題就是「浴火重生」。

表演訓練要求我們，面對一件事情時，必須同時顧及前後左右與上下（空間）、過去現在與未來（空間），聲音與肢體也要完美搭配。戲劇是一種綜合的藝

透過肢體接觸與改變，以及不同方式的連結，就有說不完的故事。

術，各種元素都要整合。所以，設計這三種有順序的畫面時，必須同時思考到空間與時間、表情和肢體，整體呈現才會具備完整性與專業度。

劇團準備推出舞台劇時，可以看到各式各樣的宣傳海報，海報上通常會呈現參與演出的演員照片。可是，只要留心瞧瞧，就會發現海報畫面的呈現方式是有學問的，畫面中的演員絕對不會只是直挺挺站著，然後底下掛著他們的名字。

是的，海報畫面的呈現就是「八人一組、三種畫面」這種練習的延伸。那是一種不規則形狀，怎麼擺怎麼站都是學問；什麼樣貌都會有，就是不會有直挺挺站立的畫面。而且，每個人的表情與動作都不一樣，從細微處可以看出彼此是什麼關係、處於什麼樣的氛圍中。

這就是創意的展現，不需任何道具，只要透過肢體的接觸與改變，透過不同方式的連結，就有說不完的故事。

人間處處是學問，光是從「擁抱」這麼簡單的動作開始，就能體悟到那麼多感受，衍生出那麼多創意！

控制自己的肢體

在戲劇表演中，每一位表演者都要學會控制自己的肢體，才能傳達精準的肢體語言。例如揮手時要揮舞多大的幅度，跨步時要跨出多大的步伐，都跟你要傳達給觀眾的訊息有關；若是無法控制自己的肢體，就會傳達出錯誤的訊息。

另一種情況是，某個演員要表演打人的動作，如果不會控制自己的肢體，配合演出被打的演員就有受傷的可能。如同前面所說，演員在舞台上表演時，彼此一定有肢體接觸，學會控制肢體對舞台上的每一位表演者都很重要。

初學者不容易在舞台上控制自己的肢體，必須靜止不動時，反而會動來動去，看起來有些焦躁不安。他們非常緊張，不知道自己正在做或即將要做的事情是否正確，這樣會嚴重干擾其他表演者。因此，我們會在戲劇課堂上設計「走走停」這樣的活動，訓練初學者掌控自己的身體。

同樣地，我們還是先播放音樂。各位讀者可以看到，進行許多活動或遊戲時，我們都會播放音樂，可見節奏感在戲劇表演中的重要性。然後，當我們一喊「停」，音樂暫停，每個人都要擺出一種固定的姿勢；就像看影片時按下暫停鍵，時空凝結了，畫面靜止不動。

透過這樣的活動，參與者可以認識自己的身體，瞭解自己能擺出什麼樣的姿勢。專業表演者必須對自己的身體有所自覺，知道自己可以做什麼，不能做什麼。

透過身體的動能與接觸，形成各種不同的創意。在「走走停」中，我們可以讓參與者自行設計靜止不動的姿勢，也可以在暫停時下指令，要求他們必須接觸其他人。不同的接觸方式或不同部位的身體接觸，都會形成不同的畫面，創意就這樣展現了，彼此的距離也被打破。我們可以從每一件事情中找到創意，在不經意的過程中誕生新的想像力。舞台上需要建構許多畫面來說故事，有時候，一個畫面的力量勝過千言萬語。

沒有受過表演訓練，很難擁有豐富的肢體語言。例如握手，一般人可能只有一種握手方式，專業表演者卻能展現各式各樣的握手方法。人與人的接觸有各種不同的方式，每一種方式都能產生不同的意義。身體會說話，能說出各種語言，就像雲門的舞蹈，舞者可以運用身體表現出河水流動的意象，或是稻穗起伏的波動，展現出千變萬化的肢體語言。

學會控制肢體語言就會釋放想像力，拋開身體原本的束縛。擁抱一個人有許多種方式，不同的情景需要不同的擁抱方式：可能是正面相擁，可能是背面熊抱，也可能是肩膀環抱。戲劇舞台必須展現很多花樣，從幕起到幕落，不會只有一種樣貌，這就是創意表演。

打開想像力之後，我們就會發現：原來身體可以做出這麼多動作，變化出這麼多畫面，甚至可以搭配其他人的肢體進行更多變化，團隊分工就這樣自然產生。我們看過有個女生會劈成一字馬，當團隊夥伴知道她有這項專長時，就把她舉得高高的，讓她在高處展現一字馬的優美樣態。這樣的畫面真是賞心悅目，這樣的分工將創意發揮得淋漓盡致！

訓練你的節奏感

我們在這本書中一直強調，不論在戲劇表演或職場工作，具備節奏感都非常重要。有節奏的表演很好看，有節奏的團隊工作效率超高。表達情緒會有不同的節奏，勃然大怒也會有不同的節奏，喜怒哀樂都有各自的節奏，所以我們會在戲劇課堂上不停地練習節奏感。

有一種練習節奏感的遊戲非常好玩，叫做「節奏一二一」。節奏感特別好會玩得興高采烈，節奏感特別差就玩得手忙腳亂，但是都能達到寓教於樂的目的。

「一」是拍手一下，「二」是腳踏兩下。數個人組成一個小組，請各小組編出自己的節奏，設計四個小節，每個小節包含兩個「一」和兩個「二」，順序不限。例如：一二一二、一一二二、二一二一、二二一一。然後各小組根據自己編出的順序，在嘴巴不說出數字的前提下，用「拍手一下」和「腳踏兩下」表演出整齊的節奏：拍手一下、腳踏兩下、拍手一下、腳踏兩下；拍手一下、拍手一下、腳踏兩

下、腳踏兩下……

節奏感不好的學員，這時應該已經腦袋發脹、手忙腳亂，但是恐怖的事情還沒結束：每個小組還要設計三種隊形，搭配四個小節的節奏，依序轉換這三種隊形。

多麼完美的遊戲啊！一方面要掌控自己的節奏，另一方面要搭配團隊節奏，而且還不能夠原地不動，必須搭配節奏同步變換隊形，排列出有條不紊的畫面。這樣的練習是全方位的，創意、反應、節奏感、肢體開發、團隊合作等等，全部都訓練到了。

想要做好這項練習，一直在心中默數「一二一二、二二一一」是最笨的方式。當你滿腦子只有數字時，手腳就會不協調，拍手一下會變成兩下，腳踏兩下則會變成一下。而且不要忘了，腳踏兩下其實是一拍，不是兩拍，很多人會在這邊徹底打死結，解不開來。

其實，最好的方法就是忘掉這些數字，用耳朵聆聽拍手和踏步的聲音（這又說

「節奏一二一」不僅訓練個人節奏，更要協調團隊節奏，不要用腦袋記憶節拍，而是用身體去感受。

明了傾聽的重要性），充分感受拍手和踏步的節奏，將整個節奏融入心中。不要用腦袋記憶這些節拍，而是用身體去感受。

這個遊戲不僅訓練個人節奏，更要協調團隊節奏，讓整個團隊在共同的節奏下工作；一個人拍子錯了，其他人也會跟著亂掉。這樣的團隊合作需要完美的分工，節奏感特別好的夥伴必須跳出來主導，原本的領導者可能因節奏感較差，自動轉換成被領導的角色。

在團隊中，具備不同能力的團員有

著不同的領導地位。團隊領導者不一定是永遠的領導者，能力不如人的時候，就要心甘情願被領導，這才是分工合作的真諦。

每一種活動都有不同的領導者，我們強調的是「平行領導」。每個人能力不同，輪流領導比固定領導更能適應快速變動的外在環境；劇場上如此，商場上亦是如此。

盡情擺動你的身體

很多人說自己不會跳舞，但我們通常會發現，除非天生聽覺障礙，否則每個小孩子聽到音樂都會自然而然扭動身軀，這是人類的天性。所以，不要再說自己不會跳舞了，這只是在自我設限。擺動自己的肢體就是在跳舞，只不過有些人舞姿優雅，有些人舞姿逗趣；至於肢體律動美不美，那就見仁見智了。

進行表演訓練時，有時會規定學員用身體或手肘寫A，用肚子寫S，用膝蓋寫

W，肢體就因此產生不同的變化，這也是一種舞蹈。其實每個人都會跳舞，只是隨著年紀增長，逐漸忘記身體是可以擺動的，或是不好意思在眾人面前扭動，甚至覺得自己跳起舞像是毛毛蟲在蠕動，一點都不好看。

只要願意擺脫束縛、拋掉羞怯，其實每個人都會跳舞。身體是一種線條，舞蹈本身就是線條的呈現。有些人天生缺乏節奏感，身體的擺動永遠跟不上拍子，肢體和音樂搭配不來，我們就鼓勵他多聽音樂，尤其是節奏感強烈的音樂，讓他學習搭配節奏舞動肢體。

在戲劇表演中，傾聽非常重要，一定要仔細聆聽音樂，學習控制自己的身體。當你學會協調肢體動作與音樂節奏時，就是在跳一曲美妙的舞蹈了。

有時候，我們也會指定一段音樂，給學員五分鐘的時間，編排一支三十秒的舞蹈，而且必須是帶有故事的舞蹈，例如水的故事或雲的故事。我們甚至會指定不同的主題，讓每個人跟不同的學員合作，發揮創意設計出不同的舞蹈，體驗團隊分工的精神。

為什麼戲劇表演那麼注重肢體開發呢？假如表演者不懂得運用身體，肢體就會僵硬生澀。任何人要學習寫文章，第一步就是先認識單字與詞彙，然後背誦成語、瞭解句法，最後才能寫出通順優美的文章。同樣地，在舞台上表演就是用身體寫文章，若是不認識自己的身體，就像不認識幾個大字卻要寫文章，肢體一定非常僵硬且缺乏變化。

準備在舞台上大發雷霆時，其實有很多種表演方式，缺乏肢體變化的表演者卻只會一種，可能只會拍桌子，可能只會掐爆橘子。肢體語言豐富的表演者則會運用不同的方式，就像撰文高手會使用不同的詞彙來形容相同的情緒，以避免行文過於單調。

厲害的表演者是用身體在演戲，平庸的表演者則是用嘴巴在演戲。要在舞台上表演父女和解的場景時，如果只是讓父親對著女兒說「對不起」，那其實是一種最廉價的表演方式。專業的表演方式不需要說話，或許摸摸頭，也許拍拍肩，幾個簡單的肢體動作就能傳達細膩的父女感情，或是父親對女兒的愧疚感。

舞台劇跟電影最大的不同，就是電影能拉近鏡頭，觀眾可以清楚看到演員臉上的每一個毛細孔；然而，觀賞舞台劇時，即使坐在第一排，很多小地方還是看不清楚。因此，舞台劇演員在表演哭泣時，絕大多數觀眾其實看不到眼淚，厲害的演員就會讓觀眾看到他的身體在哭泣。他會運用身上的每一個小地方，甚至利用背影，讓觀眾覺得他傷心欲絕、肝腸寸斷。

不論在舞台上或電影中表演，優秀的表演者都必須不斷地思考，假如沒有特寫鏡頭，到底要如何運用豐富的肢體語言，才能讓觀眾感同身受表演者的喜怒哀樂。專業演員絕對可以掌控身體，隨時做出導演希望的變化，而這一切有賴於不間斷的肢體開發練習。

肢體語言最容易在服務業顯現出來，許多服務業工作人員的肢體語言，就是帶給客戶的第一印象。或許客戶並不是專業的導演，卻能讀懂服務人員的表情與肢體語言到底是真心歡迎，還是迫於公司規定。由此可見，不是只有表演者必須開發肢體語言，其實各行各業都需要。

說得比唱得好聽

在舞台表演中，不僅是身體必須有表情，聲音也要有。所以，演員必須懂得運用呼吸來發聲，才能掌握聲音的表情。

基本上，表演訓練中的說話方式非常類似唱歌。表演者必須學習腹式呼吸，利用腹式呼吸掌控呼吸節奏，也就是人們常說的「運用丹田的力量」。呼吸節奏跟說話有關，不論一句話有幾個字，我們都會要求表演者練習「說完一句話剛好把氣吐完」，說起話來就有節奏感。優秀的演員會被稱讚「說得比唱得好聽」，因為他們說話時知道如何控制呼吸節奏，真的就像在唱歌。

而且，說話的重音位置不同，意義就完全不同。例如你對某人說「好久不見」，假如重音落在「好久」，表示你關心的是「時間」；假如重音落在「不見」，你關心的就是「見面的感覺」。說話語調漸漸往下掉，聽起來就是很沮喪；說話語調漸漸往上揚，聽起來就是很高興。只要學會腹式呼吸與控制呼吸節奏，就能任意變換長音、短音或連續音；即使台詞一模一樣，不同的語調和重音也會讓同一句話聽起來有完全不同的效果。

希望聲音具有穿透力，說話必須有韻律有節奏，也要有高低起伏，讓聲音落差變大。我們經常給學員四個英文單字「why fly so high」，讓他們練習聲音的高低差，音域變得更廣。這很像合唱團的發聲練習，目的就是讓聲音具備更多變化；而當表演者熟練聲音變化、擅長各種說話節奏和語調時，就能扮演更多不同的角色，不會永遠局限在一種角色上。

舞台上的每個角色都有不同的個性。個性軟弱的，講話就緩慢輕柔；個性強勢的，說話就快速高亢。編排劇本角色時，必須分配不同的個性，不要讓每個角色說話的方式都一樣，這樣會讓整齣戲變得單調無比。如果每個人都運用不同的發聲方式和節奏來說話，整個場景聽起來就非常悅耳，像是在聽音樂會。

對於領導人而言，善用呼吸與聲音非常重要。不論是哪個領域的領導人，說話都要有魅力，發表演說更是必須鏗鏘有力、抑揚頓挫，具備豐富的肢體語言。只要具備這種魅力，就算演說內容盡是空洞的華麗詞藻，還是有辦法吸引到一票狂熱追隨者。歷史上那些具有非凡魅力的政治領袖或企業領袖，幾乎都具備了卓越的演說技巧。

因此，領導者一定要多多訓練呼吸與聲音，將聲音魅力當成領導統御的工具，才能具有強烈的說服力，這是帶領團隊的必備條件。

信任是團隊凝聚的基石

「信任」這件事非常重要，它是龐大的無形資產；一個人若是信用破產，必須從一百層地獄慢慢爬回人間，才有機會重新贏得別人信任。

團隊必須彼此信賴，想要建立團隊信任感就必須付出承諾，也要對自己的承諾負責。建立信任感並不容易，不是對別人說「請相信我」就能贏得信任。其他人幹嘛相信你呢？你必須對團隊有所貢獻，團隊成員才會信任你。

劇場表演也是如此。我希望你試試另一種表演方式，因為你信任我，知道我是為了整個團隊，不是故意批評你，如此就會協調出更好的表演方式，創造不同的可能性，一起讓團隊更好。可是，假如彼此沒有信任感，你就會覺得我是刻意批評你，甚至懷疑我會跟導演打小報告。

當你信任自己的團隊時，走到燈光該亮的位置時，就相信燈光一定會亮。但是，只要燈光師出現過幾次閃失，該亮燈光時竟然沒亮，你就會開始不信任燈光師；當你不信任時，就會開始擔憂、開始懷疑。只要某些團隊成員被其他成員過度懷疑，這個團隊就注定瓦解。

在戲劇課堂上，我們會讓學員玩一種大家熟悉的「信任遊戲」，建立團隊的信任感。這個遊戲雖然簡單，卻也蘊藏著深意。

所有成員圍成一圈，每個人都擺出弓箭步站穩，雙手一上一下，彼此的距離保持緊密，不要出現空隙。然後從團隊中挑出一人站在圓圈中間，請他閉上眼睛，原地不動，身體直直地隨意倒向各個方向，雙腿不能移動或彎曲。周遭成員接住這位倒下的夥伴後，再將他輕輕推往其他方向，讓他往另一個方向倒下。重複數次後，再換另一個人到中間重新開始，每個人都要輪流到中間體驗倒下的感覺。

進行這項遊戲的第一個重點是，站在中間的學員必須完全放鬆，勇敢地讓身體倒下去，相信其他夥伴一定會接住他，不會讓他跌倒。假如他不相信周遭的夥伴會接住他，就無法放鬆。

最困難的會是向後倒，還沒有建立起百分之百的信任感時，很少有人敢直直地往後倒下去。因此，大多數人一開始會先倒向旁邊，不敢往前或往後倒，比較有安全感。

第二個重點則是，周遭的夥伴必須站得穩穩的，心無旁騖地專注在中間這位夥伴身上。想要取得別人的信任，就要提出讓人信任的條件。周遭夥伴想要取得中間夥伴的信任，必須站好弓箭步，擺好雙手，專心呵護著他，不讓他跌下去，而這就是取得別人信任的條件。當我發現你願意為自己提出的條件負責任時，也就會願意信任你。

必須特別注意的是，萬一真的沒接好，讓某人跌倒了，一朝被蛇咬，十年怕草繩，這個受害者很可能從此不敢再玩，甚至不敢再輕易相信別人。

破鏡難圓，覆水難收。鏡子被打破了，就算重新黏合起來，裂痕依然會存在。因此，建立了信任感之後，就不要輕易打破。一旦打破承諾，破壞了彼此的信任感，就不是從零開始修補，而是必須從「負一百」開始，用百倍的心力來彌補，才有可能抹掉裂痕。

信任感不可能在一瞬間建立起來，一定要一步一步慢慢來。尚未建立任何信任感時，為了避免中間的夥伴不敢倒向任何一邊，遊戲剛開始時，其他人圍成的外圈必須盡量縮小，傾倒的幅度較小，才能降低中間那位夥伴的恐懼感。等到信任感慢慢建立起來，這位夥伴也漸漸放鬆了，外圈再逐步擴大，擴大傾倒的幅度。

當這個外圈擴大到幾乎可以讓人倒在地面上、卻又不會真的跌下去時，就表示中間的夥伴已經全然信任其他夥伴，團隊信任感就真正建立起來了。

信任遊戲能讓我們相信夥伴，相信彼此的能力，也相信彼此都會在舞台上或工作上全力以赴。能在信任團隊中工作是一件非常舒適的事情：不需懷疑夥伴是否靠得住，也不會有任何顧慮，因為我們知道遇到任何困難時，一定會有夥伴來救援。信任別人真是愉快的事情！

選擇相信隊友，彼此的信任感就會不斷地升高，形成一種正向循環。

關於信任遊戲，黃秉德老師更進一步說明：「外圈的隊友接到充滿懷疑的僵硬身體時，也會懷疑自己該不該把隊友推出去，而這樣的懷疑又會帶給中間的隊友更多不確定感。然而，如果外圈隊友接到的是柔軟放鬆的身體，知道中間的隊友信任他們，他們就會穩穩地接住隊友，再穩穩地推出去，而中間的隊友也會更加確定隊友是值得信任的。」

信任關係確實會互相感染：當你選擇相信隊友時，彼此的信任感就會不斷升高，形成一種正向循環；而當你開始懷疑隊友時，彼此的信任感就會逐步降低，變成一種惡性循環。你覺得自己應該選擇哪一種呢？

閉上眼睛，開發感官

在所有的感官中，人類最依賴的就是視覺。聽不到聲音雖然令人沮喪，卻還不至於太過惶恐；聞不到味道固然令人遺憾，卻還不至於引發不安。然而，一旦看不見任何東西，永遠生活在黑暗中，真的會讓人驚恐萬分。

因此，每當我們帶著學員進行「盲人過街」這項活動時，不僅每個參與者都戰戰兢兢、略帶緊張，就連我們自己也小心翼翼、繃緊神經。畢竟，稍微一個不留神，可能就有人受傷，而這也說明了視覺有多麼重要！

進行活動時，我們會請所有學員手牽手拉成一長列，少則十多人，多則數十人。除了帶隊者，每個學員都必須閉上眼睛，活動結束前都不能張開，然後由帶隊者帶著學員走出教室，手牽著手慢慢走在校園中。帶隊者若是發現有路況，例如上下樓梯、有障礙物或路面凸起，都必須用手勢傳達訊息提醒後面的人，而後面的人同樣要用手勢傳達訊息給下一個人，依序傳到最後面。

閉上眼睛被別人帶著走，必須全然相信帶領你的人；同時，走在你後面被你帶領的人，也要完全信任你。

這是一種大團隊的信任概念，信任的步驟通常是這樣開始：每個成員都會充滿恐懼，懷疑別人能否好好帶領你，無法立即相信別人；當然，別人也會懷疑你，無法全然仰賴你。這是人際關係的最初始，一旦突破了懷疑，就會逐漸相信，終至完全放鬆，充分信任別人的帶領。最後，當你發現團隊是穩固的，就會享受這種彼此信任的愉悅感。

除了培養信任感，「盲人過街」也可以讓我們學習團隊合作，因為我們被領導

的同時也在領導別人。在黑暗中摸索前進時，領導者如何帶領團隊？被領導者接收到訊息時，傳達到後面的會是同樣的訊息嗎？有些人完全相信前面夥伴傳來的訊息，有些人則是略帶懷疑，必須先確認並消化過訊息才會傳達到後面。對於建立團隊默契而言，這樣的活動非常重要。

閉著眼睛看不到前方，只能想像，也只能臆測，如何建構未來的願景都是想像力的發揮。領導者必須培養想像力，思考如何建構願景，如何將願景傳達給追隨者，同時要思考如何說服追隨者。

追隨者前方有老闆也有主管，後方可能有部屬。當老闆或主管傳來的訊息不夠清楚明確時，我們該怎麼辦？如何傳達給後方的部屬？這考驗著每個人的臨場反應，以及

「盲人過街」可以讓你充分開發各種感官知覺，並培養彼此的信任感。

這個團隊的默契。

每個領導者都曾經是被領導者，也都體會過接收到混亂訊息的不安定感。因此，領導者必須懂得換位思考、將心比心，傳達訊息給追隨者必須明確，也要懂得體諒，不要忘了自己曾經有過的惶恐。

「盲人過街」是一種信任遊戲，也是開發感官的訓練。人類實在太仰賴視覺了，導致其他感官變得遲鈍。當你專心注視著某個東西時，可能聽不到別人呼喚你的聲音；當你一邊吃飯一邊專注在電視畫面時，應該也無法充分體會食物的滋味。

所以，一旦變成盲人準備過街，就會逼得你開發其他感官，仰賴其他感官幫助你安全上路。閉上眼睛，嗅覺就變得更靈敏了，平常不會聞到的味道撲鼻而來，你會訝異天天走過的街道竟然充滿了花香。閉上眼睛，聽覺也變得更靈敏了，平常不曾聽到的聲音此起彼落，你會驚豔平時佇足的地方竟然遍布著鳥語。

「盲人過街」協助表演者充分開發各種感官，這對表演者非常重要。在戲劇舞

發揮想像力與創造力，學會用自己的身體說故事。

台上，除了少數道具，所有的東西都是想像力衍生出來的。例如兩個演員在舞台上表演等公車，舞台上根本沒有車子，也沒有道路，他們必須想像平常在街道上等公車是什麼感覺：廢氣難聞、車聲嘈雜、日曬雨淋……。如果表演者沒有開發這些能力，就會缺乏想像力，無法呈現專業的演出。

當你在舞台上表演坐在公園長椅曬太陽的感覺時，就必須具備整個場景的想像力。你必須表現出曬太陽很舒服的樣子，但是舞台上沒有陽光，只有燈光；你也必須表現出享受鳥語花香的滿足感，但是舞台上沒有鳥也沒有花，只有你的想像力。表演者必須打開感官，體驗並收集各種感官記憶，才能在舞台上呈現真實的感受。

打開了視覺以外的感官，就會更專心傾聽別人說話，體會別人的感覺，增加同理心，讓別人覺得你非常貼心，願意設身處地為別人著想。

打開了視覺以外的感官，才能夠發揮你的想像力，增加你的創造力，表演訓練與創意永遠分不開。

雕塑夥伴的肢體

這是一種發揮想像力與創造力的訓練，也是八個人分成一組。第一個人上台擺出一種姿勢，固定不動。第二個人則是雕塑家，上台調整前一個人的肢體，雕塑那個人的姿勢，然後自己也要擺出一種固定不動的姿勢。之後每個人上台都是如此，直到最後一個人。

基本上，這是個已經建立信任感的團隊，彼此有默契，熟悉隊友的肢體，也願意讓隊友接觸身體。假如還沒建立信任感，就無法不帶尷尬地雕塑隊友的肢體。

當所有人都擺出固定姿勢後，這個小組必須告訴我們，他們在台上呈現的畫面要表達什麼故事。一般人不會用身體說故事，表演者卻必須學會運用身體說故事。就像達文西的名畫《最後的晚餐》，耶穌和十二門徒的表情與肢體各有不同，生動呈現了耶穌說出「你們其中一人將出賣我」那一瞬間所有人的肢體語言反應。

只需透過簡單的表情與肢體語言，就能呈現寓意深遠的畫面，這是專業表演者必須具備的技能。通常我們會用這種劇場遊戲來建構許多畫面，呈現故事的各種可能性；有些即興跳脫出來的畫面，甚至比我們想像的更加生動且充滿驚喜。

學習慢動作走路

我們不斷地強調表演者必須學會控制自己的肢體，練習慢動作走路也是一種學習控制肢體的好方法。

在慢動作走路的過程中，你會覺得很難控制自己的身體，因為你還不夠認識身體的結構，也忽略了自己如何使用身體。專業表演者需要具備高度的自覺性，才能掌握精準的表演。

基本上，慢動作走路跟正常走路應該一模一樣，但實際練習慢動作走路時，就會發現兩者通常有不小的差距，很多人甚至會同手同腳。所以我們讓學員交錯練習正常速度與慢動作，不斷地微調，畫面就會漸漸變得和諧。

每個初學者都必須學習這些基本功，這是必經的過程；唯有練習到非常熟練的程度，才能從容不迫站上舞台表演。

當所有人的慢動作協調一致時，整個畫面就非常漂亮。日本有個音樂團體「世界秩序」（World Order）就非常擅長慢動作機械舞，他們在MV中放慢動作跳舞，整齊和諧，呈現出賞心悅目的畫面。聆聽音樂時，我們通常會閉上眼睛，讓耳朵發揮最大的功能；就像前面所說的，閉上眼睛才能開發其他感官。然而，「世界秩序」的舞蹈畫面和諧到讓人捨不得閉上眼睛，反而會張大眼睛仔細觀賞他們的慢動

作舞姿；若不是確實控制肢體，很難呈現出如此整齊的畫面。

學習慢動作走路必須同時觀察隊友的一舉一動，想辦法跟他們協調一致。例如團隊要慢動作轉彎，轉彎軸心的速度與步伐就跟外圈不同；而隊友的身材有高有矮，每個人步伐大不相同，想要協調更加困難。因此，練習慢動作走路也是給團隊一個願景，希望團隊運用凝聚力達成目標。

五個母音說故事

我們一直強調表演者要學會運用身體說故事，如果只用嘴巴說故事，一方面缺乏挑戰性，另一方面所有的

慢動作走路的同時還要觀察隊友們的一舉一動，想辦法做到協調一致。

東西都會變得很表象，沒有戲劇張力。所以，除了前面提到的各種肢體訓練，我們也設計了「ㄚㄧㄨㄟㄛ說故事」這樣的活動，藉此開發學員的肢體語言。

進行這項活動時，必須將五到六名學員分成一組，每個小組自行設定搭配「ㄚㄧㄨㄟㄛ」這五個母音的五種情境，然後所有成員同步將這五種情境表演成完整的故事。

例如有人看到地上有鈔票，不知道這張鈔票是誰掉的，於是發出「咦」的聲音。當他撿起鈔票時，卻又發現鈔票上沾滿了噁心的髒東西，就會發出「啊」這樣的聲音。

表演時不能有對白，只能發出這五種聲音。而且，發出其中一種聲音時，並不是每個成員都做出一模一樣的動作，而是各有不同的場景。

因此，就算是同一種聲音，每個人遇到的情境也可能有所不同。坦白說，想要完美達成這項訓練的要求並不容易，這不是簡單的創意訓練，而是必須充分發揮創意，訓練身體的表演能力。專業演員在舞台上演出父子互動的場景時，可以完全不必說話，只要幾個簡單的動作，觀眾就能瞭解正在發生什麼事情。如果只是仰賴說話，完全不運用肢體，這樣的表演就太缺乏創意且單調無味了。

這項活動同時在考驗團隊的凝聚能力。分工只是知道彼此的能力，確認自己的角色，還要有信任感才能鞏固團隊。只有分工沒有凝聚，團隊絕對動不了。發揮創意時，必須彼此信任、充分協調，才能完全融合每個成員的意見。

扮鬼臉說故事

這個活動的目的跟前一個活動一樣，只是前一個活動運用聲音，這個活動運用表情，練習只用表情就能說出生動的故事。

每個人都要學會扮鬼臉，才能鬆開早已僵硬的臉部表情。有些人永遠都擺著一張撲克臉，要他們擠出其他表情實在不容易；有些人則是害羞兼怕醜，不太願意擠眉弄眼。我們要學會放鬆表情，也要克服怕醜的恐懼。舞台上沒有醜演員，只有醜表演，這是我們一直強調的觀念。

進行這項活動時，我們規定不能把場景設在遊樂園，因為學員可以取巧，直接把場景搬到遊樂園裡的鬼屋，不用說出任何故事就有一堆鬼臉。相反地，我們會要求學員提供五個畫面，一邊表演一邊停格，停格時就是扮鬼臉。學員必須發揮創意，想想生活上有什麼事情逼得我們必須扮鬼臉，沒事硬要扮鬼臉其實不容易。

不論是戲劇表演或是小說傳記，都必須有強烈的衝突和反差，才能帶給觀眾和讀者出乎意料的驚喜，表現出戲劇張力。每一部好劇本都存在著衝突與反差，可能是階級或身分的衝突，例如周星馳電影中經常出現的小老百姓對抗貪官汙吏，或是《鐵達尼號》男女主角不顧身分差異的乾柴烈火；也可能是現實與想像的反差，例如聊齋故事中的人鬼殊途，明明是不同時空的男女，卻能激出轟轟烈烈的愛情。

說故事要有創意，領導團隊也要有創意，沒有創意只會讓員工覺得很膩。例如在業務單位，厲害的領導者會運用創意激勵員工再接再厲，失敗的領導者只會嘮叨碎念業務人員不夠努力。試著想想，業務人員在外開發業務已經遭遇一堆狗屁倒灶的挫折了，回到公司還要被主管不停責罵，這樣怎能產生重新出發的動力呢？領導者若是能運用創意營造歡樂的工作場域，重新點燃業務人員的衝勁，不是更能有效提升業務團隊的業績嗎？

領導者沒有創意，團隊就會死氣沉沉、缺乏願景。領導者必須訓練自己的聲音和表情，才能說出動人的故事。寫文章要有起承轉合，說故事一樣要有高低起伏；唯有具備豐富的聲音和表情，才能塑造出吸引眾人追隨的願景。

也唯有塑造出美麗的願景，你的團隊才能產生巨大的前進動能。

團隊建立與願景

假如你的人生沒有目標，不知道自己想做什麼、變成什麼樣的人，也不知道自己想要擁有什麼專業、達成什麼樣的成就；那麼，你就不知要往哪個方向前進。很可能始終走錯方向，耗費太多時間在錯誤的道路上；也可能無所適從，卻又不敢冒著走錯路的風險，索性留在原地不動。

團隊與人生是一樣的：領導人若無法提供明確的願景，整個團隊將找不到目標與方向，最終就只能原地打轉。即使這個團隊已經凝聚起來，也進行了適當的分工，但是，找不到方向或走錯方向都會造成團隊的凝聚與分工無效。

小至公司大至國家皆是如此，當團隊沒有願景、不知「為何而戰」時，團隊成員被賦予的任務都將徒勞無功。就像一艘蓄勢待發的戰艦，雖然每一位水兵都訓練精良、各司其職，艦長卻始終無法說出準備航向何方、究竟為何而戰，最後只能停在港口動彈不得。

因此，對於領導人而言，明確指出團隊願景絕對是最重要的事情。領導人必須說出好故事、許下美麗的願景，才能發揮團隊最佳戰力。

在當今物聯網與人工智慧蓬勃發展的商業環境中，領導人更需要當一個「造局者」：

造局者是一群能引領改變、快速連結夥伴、以讓利尋找破口的變革者……能透過眾人力量，快速捏出最有利自己的局……當大家忙著交代「做什麼」的時候，造局者花最多時間溝通「為何做」。想要人們一起脫離舒適圈，必須讓團隊徹底清楚為何而戰，否則過程中太多挑戰很容易半途而廢……過去三十年，管理領域討論的都是「胡蘿蔔」與「棒子」的「術」，習慣複雜的管理制度，卻逐漸忽略基本的

「道」：最單純的動機，才能激發出最棒的表現。

《商業周刊》（一五八八期，第五十四～五十六頁）

由此可見，光是討論「管理」團隊已經不夠，更重要是如何「領導」團隊。只知緊緊看牢部屬、鉅細靡遺地進行管理，團隊不會進步；必須讓員工認同領導人的願景，團隊才會飛快前進。電影《臥虎藏龍》的這句名言始終是個真理：「把手握緊，裡面什麼也沒有；把手放開，你得到的是一切。」

在戲劇課堂上實際操作的表演訓練，除了讓每一位學員上台呈現自己的生命故事，更是要訓練他們發揮創意、打造願景，成為最優秀的領導人。這就是政大EMBA開設戲劇課程的初衷。

誰是真正的領導者？

如同前面章節所言，有些人的能力其實不怎麼好，說穿了就是走狗屎運或背景雄厚，卻因緣際會成為時勢造出的領導者。因此，每個領導者都必須清楚知道，別人究竟是因為你的頭銜而不得不服從你，還是因為你確實讓他們心服口服而發自內心追隨你？

很多人都玩過撲克牌遊戲「吹牛」，遊戲中充滿了爾虞我詐或虛張聲勢。當你手上有某些牌的時候，必須試圖讓其他玩家以為你沒有；而當你手上沒有某些牌的時候，又要想辦法讓其他玩家以為你有。

我們改變了這個遊戲的玩法，取名為「誰是老大」，並將其運用到表演訓練上。首先蓋上所有撲克牌，正面向下，看不到數字。然後請每個人抽出一張撲克牌，但是不能翻過來看自己抽到的數字。接著用雙面膠將撲克牌背面貼在自己的額頭上，讓其他人看到你的數字，而你也能看到其他人的數字，但是每個人都不知道自己的數字。

玩這個遊戲時，八個人一組最恰當，人數太少很難猜測自己的數字，人數太多（尤其是十二、十三人）又很容易猜到。A代表「一」，是最小的一張。

這個遊戲模擬職場中的互動，數字大小代表職位高低，我們規定不能彼此告知對方的數字。假如你抽到數字較大的撲克牌，其他人知道你的職位較高，就會運用各種可能的語言、表情和動作來恭維、吹捧或服從你；雖然你不知道自己的數字大小，卻可以從其他人跟你的互動中覺得自己的職位可能頗高。相反地，假如你抽到的數字較小，代表職位較低，其他人可能會運用語言、表情和動作來命令、漠視，甚至欺負你，而你也會感覺到自己抽到的數字應該較小。

總之，你不知道自己的職位高低，而是根據別人的反應來猜測，因此你可以陷害別人。也許某人的職位很低，你卻假裝他的職位很高，運用一連串的恭維或仰慕，讓他誤以為自己是高高在上的主管。

模擬職場互動場景就是一種表演訓練。假如你覺得自己拿到的數字應該頗大，對其他人說話的方式和態度就要有所不同；但是在現實的場域中，你可能是職位最低的。相反地，當你看到某人的數字頗大，覺得自己的職位可能比他還低（其實這個人的職位遠低於你），又要如何透過說話態度、聲音表情或肢體語言，表演出位階明顯比他低的互動關係呢？

扮演的角色跟平時落差頗大，就是一種很好的表演訓練。

遊戲結束時，我們要求所有人依照自己認定的數字大小依序排成一列，然後公布答案，看看自己辨識的職位高低是否正確。進行這項活動是希望認清自己在團隊中的角色，同時體會職位高低與真實影響力的可能落差。職場上確實存在著許多不孚眾望的主管，部屬迫於無奈不得不聽從，甚至必須逢迎拍馬，內心卻頗不以為然，甚至私下嘲笑咒罵。假如主管沒發現這個問題，誤以為自己對部屬具有深厚的影響力，這個團隊肯定走得很慢，推一步才走一步，不會自動前進。

受邀進行企業內訓時，我們會刻意把數字最小的那張牌留給職務最高的主管，從旁觀察他的部屬如何應對這種局面。假如是緊密結合的團隊，團隊氣氛良好，主管也深得部屬愛戴，部屬通常放得很開，真的會把撲克牌的數字當一回事，盡情地用對待低階員工的方式來對待他們的主管，完全不怕得罪主管。當然，這樣的模擬方式也可以讓主管深刻體會到部屬應得的尊重。

然而，假如這名主管不得民心，部屬擔心秋後算帳，玩遊戲時就不太放得開，即使主管的數字明明是最小的，也不敢過於放肆。這時我們就能看出這個團隊存在著裂痕，主管的領導方式有問題。企業內訓結束後，我們就會建議主管想辦法重新凝聚團隊，打造明確的願景，讓部屬願意追隨。

測試團隊默契

外在環境隨時會產生劇變，團隊執行任務時，一定會遇到很多需要緊急處理的狀況。因此，每個團隊成員都必須清楚自己的角色，一旦角色必須轉換，大家要非常有默契地同時調整。

為了訓練團隊默契，我們改編了一首耳熟能詳的簡單兒歌《小蜜蜂》，同時也用來測試團隊成員應付突發狀況的能力。首先仍將八到十人分成一組，然後開始唱這首「簡單的」兒歌。我們會在歌曲中安插四個突發狀況，就是要讓團隊成員人仰馬翻：

嗡嗡嗡，嗡嗡嗡，大家一起「來」做工（嗯）；嗡嗡嗡，嗡嗡嗡，一起「去」做工（嗯、嗯）。

所有人排成一列，依照排列順序輪流唱，一個人「只能」唱一個字，最後一人唱完再反方向依序唱回來。重點來了：只要某人唱到「嗯」這個字，唱歌順序就要反轉（例如，第四個人唱完原本是輪到第五個人唱，但是當第四個人唱到「嗯」的時候，就要轉回第三個人開始唱「嗡」，然後是第二個人唱）。一開始唱歌的速度較慢，但我們會要求參與者愈唱愈快。

看起來非常簡單好玩，出錯的人還真是不少。而且，第一個「嗯」已經讓許多人亂成一團了，後面連續出現兩個「嗯」更是搞得許多人神經錯亂，因為這裡必須反轉回前一人再反轉回原本那個人。也就是說，當第四個人唱到「嗯」的時候，就轉回第三個人再唱一次「嗯」，然後又轉回第四個人開始唱「嗡」，接下來是第五個人唱。

除了「嗯」的回轉方式令人困擾，我們還故意改編歌詞，要求參與者第一遍唱「來做工」，第二遍唱「去做工」，讓參與者在順序轉來轉去的過程中，還要應付一下子「來」一下子「去」的窘境。

為什麼要進行這樣的活動呢？因為每個人都要非常專注，輪到自己唱的時候才能正確唱出來。可是，這裡要求的「專注」並不是神經緊繃專注在自己的腦海中，拚死命想著接下來輪到自己唱什麼。事實上，這裡需要的是「專注傾聽」隊友的聲音與節奏，讓自己和隊友融為一體，就能享受團隊無與倫比的默契，用正確的順序和逐步加快的節奏共同唱出這首美妙的兒歌。

因此，除了測試團隊默契，這項活動也是在訓練表演者的專注力。在舞台上，表演者必須具備高度的專注力，聚焦在當下的環境，才能將排練成果有效地呈現出來。表演者的專注力若是不夠，就無法沉浸在自己的表演中。

團隊必須有默契，分配任務也要有彈性；外在環境一旦改變，團隊就要立即應變。劇場上也是如此，上一幕要表現勃然大怒的火氣，下一幕要瞬間展現心花怒放的喜悅，這需要具備立即調整節奏與情緒的絕佳功力。

角色練習

政大EMBA的戲劇課程一次大約招收六十名學生，通常以十人為一組，這六組人會在日後的「秋賞」一起演出。

我們希望每個小組找個所有人都能出現的時間，選定一個空間，觀察匆匆經過的路人，或是一起用餐喝下午茶的客人。在同一個空間裡，每個人各自選擇一種角色來觀察，可能有人觀察店長或服務生，有人觀察客人或排隊等待的人潮，然後回來課堂上表演給大家看。

劇場表演必須讓每一位觀眾感受到角色的情緒，但是劇場很大，表演者要運用全身的肢體來表達，觀眾才看得清楚。因此，很多人誤會舞台劇盡是誇張的手勢與聲音，誤會眉飛色舞或張牙舞爪才是舞台劇的表演方法，我們一直努力在糾正這個觀念。

其實，表演是從關係和距離開始。一般而言，餐廳裡的服務生與客人不會有肢體接觸；然而，假如服務生與某位客人同時有男女朋友的關係，這樣就具備了多重身分。當服務生拿水杯給那位客人時，客人可能會順便摸摸服務生的小手。透過不同的關係與距離，台下觀眾就會知道台上演員的角色。

同一個空間裡，位置不同和距離不同就會讓人看出關係不同。在大家族的全家福照片中，從每個人的距離與位置就能看出哪些人的關係較好，哪些人的關係出了問題。例如其中有兩個孩子每次合照都站在邊邊角角，跟其他人保持一定的距離；喔，原來這兩個孩子是男主人在外面偷生的。又例如大嫂跟其他人的關係不怎麼好，通常也會選擇站得遠一點。

因此，戲劇舞台上的距離可以道盡所有的關係。熱戀情侶的距離肯定跟老夫老妻不一樣，厲害的表演者一定能讓觀眾感受到這種細微的差異。

角色練習的另一個重點是模仿，因為表演者可能會扮演各種角色，自己若是沒有經驗，就要透過模仿來學習。當年輕表演者必須扮演老年人時，就得要仔細觀察周遭的老人，否則無法表演到位。老人家通常要用手扶著其他東西站起來，因為他們的膝蓋不好；若是沒觀察到這一點，像個年輕人直挺挺站了起來，這樣的表演就很失敗。

同樣地，沒有懷孕經驗卻要扮演孕婦，不是裝個東西撐大肚子、在外型上有所改變就好，而是要觀察孕婦的各種細微姿態與動作，才能逼真演出。表演者必須透過觀察來模仿，才知道怎麼表演，才能具備千變萬化的能力。

在企業內訓中，我們也會要求學員觀察內部同仁，模仿被觀察者的各種細節，然後表演給大家看。這樣的活動可以看出團隊的氣氛，領導者也能看出團隊成員彼此的關係。如果領導者發現成員彼此的距離有點遠，就必須想辦法縮短距離，讓團隊更有凝聚力。不說別的，光是大家相約去吃飯，只要看看通常是哪些人走在一起，就能看出團隊中的微妙互動關係。

仔細觀察一家公司，假如總經理與員工的關係是交易型領導風格，他們的關係與距離一定會產生微妙的變化。如果總經理和藹可親且關心部屬，整家公司呈現出的關係與氛圍也會大不相同。

戲劇課程就是一種體驗課程，親身體驗才能有所感受，否則一切都是空談。這樣的角色練習提供了非常棒的體驗機會，可以讓人感受到各種角色背後所代表的不同人生。

空間練習

隨著演出日期的接近，我們必須讓學員接受愈來愈困難的訓練。如同前面章節所述，空蕩蕩的舞台上只有少數必備的道具，所有的演出都要仰賴豐富的想像力。因此，除了角色練習，我們還要進行空間練習。

同樣也是十人一組，這十個人要輪流進入同一個房間。第一個人準備走入那個房間時，第一個動作就是走到房門的位置。我們會先設定房門的位置，他就走到我們設定的位置，做出轉開門把的動作，同時也設定了門把的高度。轉開門把、打開房門後，進入房間必須先關門，然後走到冰箱前，打開冰箱，從冰箱裡拿出一罐可樂，再關上冰箱，這時他又設定了冰箱和可樂的位置與高度。接著他走回剛剛設定的房門位置，轉開門把，打開房門，走出來後關門，把可樂交給第二個人。

第二個人拿著可樂，同樣走到剛剛設定的房門位置，在同樣的高度轉開門把，打開房門，進房後關門，走到前一個人設定的冰箱位置後打開冰箱，把可樂放回原本的位置，然後關上冰箱。請注意：進行這項練習時，教室內空無一物，沒有任何道具，所有的東西都是想像出來的。當前一個人設定了某個東西的位置或高度後，接下來每個人都必須在同樣的位置放回前一個人拿取的東西。

第二個人放回可樂、關上冰箱後，尋找另一個地方，拿取另一個東西。他可以自行設定書架的位置，走到書架前，設定某一本書的高度與位置，拿下這本書。接著走回房門的位置，轉開門把，打開房門，走出房間後關門，再把這本書交給第三個人。

至於第三個人，則是要走到房門的位置，轉開門把，打開房門，進房後關門，走到第二個人設定的書架位置，把這本書放回原本的位置。然後他又移動到另一個地方，拿走另一個東西，出了這個房間交給下一個人，依此類推，直到最後一個人拿走最後一個東西離開這個房間為止。

快崩潰了吧！所有人都要記得房門和門把的位置，以及前一個人設定的各種位置，而且要記得非常精準。因此，其他人表演時，每個人都必須專注觀察，否則整個空間會錯亂。

除了少數必要的道具，舞台上通常空蕩蕩的；桌子椅子可能會有，但是應該不會真的搬出冰箱放在舞台上。因此，當你建構出一具冰箱時，雖然實際上看不到這具冰箱，走路時卻必須繞過它。若是忘了冰箱的存在，沒繞過它就直直穿越過去，那不叫「穿越劇」，而是「穿幫」。

在舞台劇的訓練上，這樣的練習有個專業名詞：「無實物練習」，專門用來訓練表演者的精準度。沒受過訓練的表演者端著一杯咖啡時，即使手上可能有咖啡杯這個道具，杯子也一定是空的，裡面不會有咖啡。可是，演員必須表演得像是杯子裡真有熱騰騰的咖啡，不能隨意晃動杯子，否則一樣會穿幫。在日常生活中，當你手上的咖啡杯裝著熱騰騰的咖啡時，肯定會小心翼翼端著它，不是嗎？

表演者必須認定自己建構的東西是真實的，而且當表演者設定某樣東西時，其他表演者也要仔細觀看，承認這個東西的存在，不能否定它，這樣才能建立團隊默契。一旦被建構了，就變成真實存在的東西，觀眾也會感受到。只要觀眾看得出你站在月台上等車，你就絕對不會做出任何不能出現在月台上的事情。

即興劇裡有一種觀念「Yes And」非常重要，也就是你必須承接其他人建構出來的想法，進而加以發揮，而不是否定。在許多公司的動腦會議中，這樣的觀念也相當重要。如果每個人一直否定其他人的想法，動腦會議將會變得冗長無趣而且毫無結果；然而，假如你承接他人的想法並加以發揮，不斷延伸下去就會產生有趣的創意。

空間練習非常重要，應用在工作場域時，只要某個團隊成員的意見被採納（建構出某個東西），其他成員就要承認並接受它。假如原本被採納的意見被輕易否定，這個團隊就不會有默契，最後的結果就是分崩離析；就像演出時的穿幫，終究會被觀眾看破手腳。

空間邏輯練習

進行過前面的空間練習之後，接下來要進階到空間邏輯練習，這種練習帶有明確的因果關係：我從哪裡來？在這裡做什麼？要往哪裡去？

這是非常重要的練習，必須讓台下的觀眾清楚瞭解台上的空間概念與相關位置。每一位表演者都是從某個角落進入舞台，在舞台上表演一段故事，然後從某個角落走出舞台。因此，表演者必須讓觀眾知道，他從什麼樣的地點或場景進入舞台，在舞台上做些什麼，然後轉換到哪個地點或場景。

這就是我們強調必須開發肢體語言的關鍵原因，因為觀眾一看到表演者的動作，就知道表演者從哪裡來。例如某個演員從某個角落上台，做出收傘的動作，還將雨傘抖一抖，我們就知道他從戶外進來，而且外面下著雨。這個演員上台後，開始沖煮咖啡，接著坐下來打電腦，觀眾很清楚他在做什麼。後來他突然肚子痛，匆匆忙忙從某個角落跑出舞台，可想而知去上廁所了。從哪裡來？在這裡做什麼？往哪裡去？這位演員呈現了非常清楚的邏輯。

就創意展現而言，這項練習有好幾種訓練方式。第一種是自由發揮，不限制學員的創意，讓他們直接表演，其他人猜測他從哪裡來、正在做什麼、往哪裡去。另一種是由老師設定內容，分成「從哪裡來」、「正在做什麼」、「往哪裡去」三種籤筒讓學員抽籤，根據抽到的內容來表演。這種方式主要是希望學員在受限制的情況下發揮最大的創意。

除了個人練習，也可以進行分組練習：分別從哪個角落進來？分別在舞台上做什麼？分別往哪裡去？搭公車就是一種很好的練習場景，每個人陸續刷卡上車，依序進入同一個空間。他們會設想公車上的可能情境，練習各種狀況：可能有人覺得很熱，一上車就趕緊脫下外套；可能有人擔心被傳染感冒，一上車後就趕緊戴上口罩。依序上車的乘客彼此也可能有互動，例如司機緊急剎車導致大家撞成一團。

如此嚴謹的練習，就是要讓表演者對舞台空間產生明確的概念，因為表演者不可能一直停留在舞台上，一定會進進出出。假如舞台是個房間，就要設定進出房間的位置，否則每個人進出的方向不一樣，觀眾會看得一頭霧水。

從戲劇角度來看，這種練習就是要建立一種邏輯連續性，表演者必須清楚告訴觀眾：剛剛發生了什麼事？為什麼來到這裡？在這裡會發生什麼事？這件事將導致接下來去那裡做什麼事？唯有具備清晰的因果關係，以及一致的邏輯推演，觀眾才能融入劇情。

述說生命故事也是依照這樣的邏輯：某個大老闆小時候父母離異、生活困苦，跟媽媽一起住在破舊房子裡，下定決定要賺很多錢（從哪裡來）。長大後辛苦創業，業績蒸蒸日上，真的賺到了很多錢（正在做什麼）。然後他告訴員工，賺錢並不是最主要的目標，他更希望所有的員工都能幸福美滿（往哪裡去）。

從這個角度來看，企業領導人就像舞台劇導演，必須讓所有員工知道公司的歷史、正在進行的策略，以及未來的願景。如果領導人找不到公司定位與未來方向，危機就會慢慢逼近，團隊終將崩潰。

變形金剛大考驗

表演者必須懂得變化，讓自己的表演充滿各種可能性。英國著名演員克里斯汀．貝爾（Christian Bale）為了扮演一名戰士，把自己鍛鍊成八十六公斤的肌肉棒子；而下一部戲要扮演吸毒者，他竟然在幾個月內瘦了將近三十公斤。接下來又因為要扮演蝙蝠俠，他必須在半年之內重建肌肉，再回到八十六公斤。為了呈現完美

「變形金剛」的正轉和倒轉訓練不僅可強化表演技巧，還能培養團隊創意與默契。

演出，專業演員一定會克服各種困難，挑戰各種變化，這是一種對觀眾負責的敬業態度。

職場上也是如此。未來社會變幻莫測，各種可能性都會發生，每一家企業隨時要因應外在環境，進而改變策略。一旦為了生死存亡必須改變商業模式或組織架構，你自己和所屬團隊就要隨之轉變。

因此，我們帶入了一種名為「變形金剛」的團隊創意活動，每個人都要依照固定的步驟，變換姿勢或移動位置；領導者也必須下達清楚的指令，讓團隊成員知道如何變化。

進行這項活動時，每一組人數多寡不限，目標就是運用每個人的肢體組合成兩種「機械器具」，例如交通工具或家電用品。唯一的限制就是機械器具中不能夾雜「人類」，例如汽車裡不能有駕駛人，戰鬥機不能有飛行員。簡而言之，每個人的肢體一定都是「機械零件」，不會是「肉體」，因為「肉體」不需要扮演！

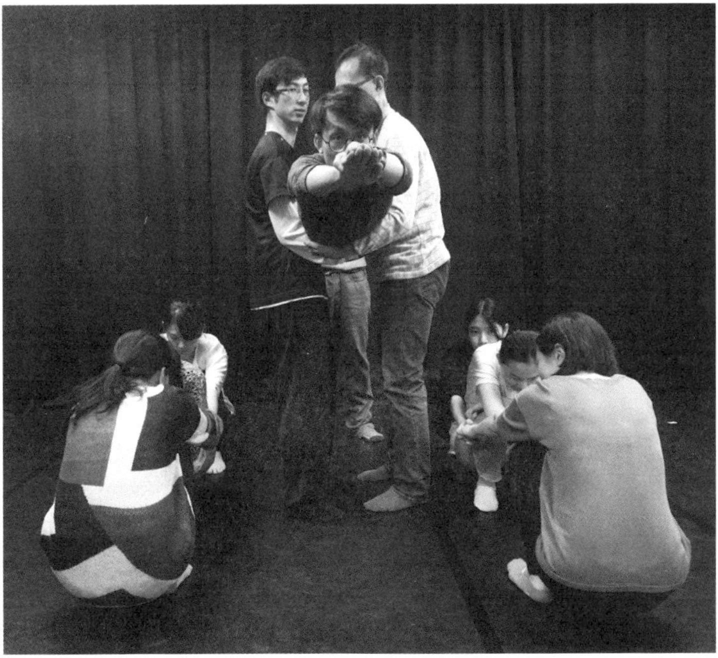

組合成第一部機器後，必須經過五道轉換步驟，轉變成第二部機器。因此，每個人的肢體或位置都要轉換五次，任何一道步驟都不能靜止不動。組合成第二部機器後，必須像影片倒帶般從第五個步驟倒回第一個步驟，變回第一部機器。

這項活動可以檢測團隊的兩個層面，也就是自始至終貫徹這本書的兩個主題：創意與領導。首先是考驗團隊有沒有創意，如何將團隊成員的肢體當成機器零件，組合成外型相似又可以移動的各種機器。

其次，團隊在討論組合成哪兩種機器時，可以看出這個團隊的領導模式與互動方式。有些人主導性很強，自動跳出來當領導者，指揮其他人如何組合，每個人又分別是哪一塊零件。有些人則是完全被動，從頭到尾悶不吭聲，別人要他做什麼，他就配合做什麼。也有些人原本不吭聲，默默看著領導者指揮其他人；但是當大家快要達成共識時，他又跳出來反對，開始發表自己的意見，試圖拿回主導權。

當一個團隊沒有固定或明顯的領導者時，這項活動扎扎實實考驗著團隊默契，以及他們互信互賴的凝聚力。

練習「變形金剛」也有助於劇場表演技巧，畢竟劇場跟影片不同，影片可以輕易倒帶播放，劇場無法如此，而是需要演員親自倒帶演一遍。例如我們在舞台上演出命案現場，偵辦命案的警察要播放監視器錄影帶，瞧瞧命案當時到底發生了什麼事，所有相關的演員就必須現場倒帶演出給觀眾看：走路要倒著走，台詞要倒著念，動作要倒著做，每個演員都必須熟悉自己的步驟才不會倒轉錯誤。

我們也常常會有這樣的問題：執行一個策略到了某個階段，有時會感到迷惘，或是躑躅不前，似乎重複著老舊套路，找不到原始的動力。這時試著探尋回頭路，就會找到當初的源頭，重新思考當初下這個決策的原因，「變形金剛」倒轉的意義就是如此。

「變形金剛」的正轉和倒轉訓練可以強化表演者的表演技巧，還能培養團隊創意與默契。因此，不論參與哪個單位的「領導與團隊」或「創意戲劇」相關課程，我們都會帶領學員進行這項活動，廣受學員喜愛。

呼叫伴侶

這是心理學課程中的一種活動，必須是人數夠多的大團體才能進行，至少要有五、六十人。依照適當人數分成許多小組，然後請每個小組共同討論出一種呼叫聲，盡可能響亮清澈且清晰可辨。

吳靜吉博士第一次看完我們帶領這個活動時，給了我們一個當頭棒喝的建議：你們要運用故事的原理，提供一個想像空間給所有參與者。於是，我們就會開始說一個故事情節：故事發生在一座偌大的森林中，你們都迷路了。這座森林黑暗無比，只能運用聲音尋找失散的夥伴……

各組確認呼叫聲後，我們關掉所有的燈光，全場一片漆黑，只留下角落微弱的燈光，方便工作人員維護安全。然後請所有學員閉上眼睛，工作人員會陸續將每個人帶到不同的角落，盡可能將同組成員打散開來。

活動開始之後，每個人都要發出自己小組的呼叫聲，讓小組夥伴循著熟悉的呼叫聲找到彼此，同時也要豎起耳朵仔細聆聽，想辦法找到自己的夥伴。只要找到一個夥伴，就手牽著手不要分開，繼續尋找其他失散的夥伴，直到所有的夥伴都到齊為止。

這項活動就跟「盲人過街」一樣，都是要求學員閉上眼睛，所以我們都戰戰兢兢，需要工作人員從旁協助，深怕學員受傷。當工作人員發現有人即將撞到牆壁或任何障礙物時，就要趕緊幫他轉個方向。

參與活動的人數愈多，就愈難找到自己的夥伴，因為空間太大了，此起彼落的呼叫聲實在太多，有些人從頭到尾都聽不到夥伴的聲音，肯定會愈走愈慌。儘管身處嘈雜的茫茫人海中，卻有著舉目無親的失落感與恐懼感。

這項活動帶給我們的第一個啟發是：就算交遊廣闊、人面甚廣，如果沒有真正知心的夥伴，空虛和寂寞還是會隨時找上門。因此，當你覺得需要同伴、需要幫助的時候，千萬不要害怕開口，儘管大聲呼喊出來，尋求夥伴的幫忙。就像在活動中必須不停地呼喊，讓夥伴聽到屬於你們的呼叫聲，才能趕過來協助你。

每個人都需要別人幫忙，沒有勇氣尋求幫忙，就無法找到真正的朋友。尋求協助一點都不丟臉，無需擔心別人取笑，死皮賴臉硬撐才會令人啼笑皆非。

然而，換個角度思考，當你一直找不到自己的夥伴時，是否應該暫時停止呼叫，靜下來聆聽其他夥伴的呼叫聲？畢竟，當我們聲嘶力竭呼叫夥伴時，傾聽能力就會隨之降低，無法清楚辨認自己團隊的呼叫聲。所以，這項活動的第二個啟發是：聆聽別人說話時，必須先閉上自己的嘴巴。

第三個啟發是：團隊的呼叫聲若是不夠清楚、不夠響亮、不夠特殊，就很容易淹沒在各式各樣的呼叫聲中，聽不到自己團隊的呼叫聲，找不到自己的夥伴。換句話說，任何一家公司的產品或服務若是沒有清楚的定位、明確的客群和顯著的差異，一旦投入廣大的市場，就無法在競爭激烈的同類產品中脫穎而出，博得消費者青睞。

同樣地，呼叫聲不夠清楚、響亮且特殊，也意味著領導人沒有塑造出明確的願景，導致追隨者無法認同也無所適從。因此，想要打造堅強的團隊，領導人必須提出足以讓追隨者心生嚮往、心悅誠服的明確願景。

當然，團隊願景不一定是由領導人單方面提出，優秀的領導人通常會帶領團隊夥伴共同討論，讓每一位夥伴都有參與感，打從心底認同團隊願景，進而變成堅定的信念。

不論身處擁有成千上萬員工的大公司，還是在只有幾隻小貓的小公司，每個人都需要志同道合的夥伴，也要有共同的願景、志向和目標，單打獨鬥非常困難。在「呼叫伴侶」這項活動中，發出清脆響亮的聲音就是團隊的共同目標，每個人都要堅持下去，直到發現自己的夥伴為止。而當你發現自己可以很快找到志同道合的夥伴時，那種興奮感無與倫比。

那段屬於我們的英雄旅程

經過了聲音、節奏、表情、肢體、角色與空間等等訓練，也透過了各種活動來號召團隊成員、建立團隊默契、凝聚團隊並打造願景，終於來到登場演出前的最後一刻：撰寫我們的劇本，邁向屬於我們的英雄旅程。

就像這本書一開頭所說的，政大ＥＭＢＡ戲劇課程的特色之一，就是將學生的生命故事編寫成劇本。「秋賞」的演出時間有限，每一組的演出時間不到二十分鐘，無法完整演出每個人的故事。因此，如何將每一組十個人的生命故事編織成高潮迭起的動人劇本，就是頗具挑戰的創意展現與團隊合作過程。而且，我們不是委託專業編劇來撰寫劇本，而是讓這些工作忙碌的ＥＭＢＡ學生自己一手搞定。

於是，到了戲劇課程的最後幾堂，我們會開始分組，請各組組員分享彼此的生命故事。每個人的生命故事都很豐富，皆有可觀之處，不可能全部搬上舞台，必須先學會選擇，挑出自己認為值得演出的某一段故事。至於是以其中一個人的故事為主軸再搭配其他人的故事，還是組合所有人的故事變成一個嶄新的故事，那就看各組的創意手法了。

原則上，編寫劇本必須遵循底下五個原則。

我是誰：清楚呈現每個角色的特色，從登場的對白或肢體動作就能看出他們扮演什麼角色。

處於什麼樣的環境：從對白或肢體動作瞭解每個角色彼此的關係，是敵對關係，還是朋友關係，或是複雜曖昧的關係。

遇到什麼困難：登場後發生了什麼事情，陷入兩難的困境，這是整齣戲最重要的部分。

如何解決：這是最高潮的部分，也是創意的開發，每個人都必須提出解決困境的方法。這是希臘戲劇之父亞里斯多德（Aristotle）所謂的「戲劇動作」。例如某個角色急需二十萬元，而他要用什麼方法籌到這二十萬呢？可能去借款，也可能去詐騙。

結局：戲劇結束時，我們想讓觀眾悲從中來，還是要讓觀眾開懷大笑，希望觀眾得到什麼東西？

每一個引人入勝的故事，都是一段面對外在衝突的救贖過程，美國神話學家約瑟夫·坎伯（Joseph John Campbell）的「英雄旅程」就是在解釋這段過程。他在《千面英雄》（The Hero with a Thousand Faces）中研究了全世界神話故事的英雄歷險及其轉化過程，發現所有的故事敘述方式都依循著古代神話的模式，每一個英雄故事都依照著同樣的歷程：沒沒無聞的平凡人受到召喚，剛開始不相信自己的天命，一定會逃避、拒絕甚至懷疑，然後會有能人異士現身開導並幫助他。接著，他會遭遇各種試煉，遇到貴人和壞人，最後過關斬將、衣錦還鄉。

為了幫助更多編劇新手寫出好故事，好萊塢最負盛名的編劇大師克里斯多夫・佛格勒（Christopher Vogler）遂以坎伯的「英雄旅程」為架構，在《作家之路》（The Writer's Journey）中說明好劇本必須具備的基本元素，並提出英雄的十二個歷程：

一、**平凡世界：**主角通常是個平凡人，日出而作日落而息，過著風調雨順、平穩安逸的生活。可是，觀眾絕對不會期待看到平凡的故事，這時一定會有不平凡的事情開始發生，甚至天降異象，降大任於此人。

二、**歷險的召喚：**不平凡的外力介入對平凡的生活產生巨大衝擊，人在江湖、身不由己，主角被迫投入一場冒險或戰役，展開全新的任務和挑戰。

三、**拒絕召喚：**但是，每個人內心都有脆弱的一面，面對未知的巨大挑戰，任何人都會心生恐懼、猶豫不決，甚至斷然拒絕。

四、**遇上師傅：**每當上天命定的主角猶豫不決、瞻前顧後時，就會有啟蒙老師登場，可能是父母、老師、朋友或路人甲，也可能是在深夜加油站遇到的蘇格拉底。他們會提供發人深省的建議，讓主角願意接受召喚。

五、跨越第一道門檻：這象徵著從平凡世界跨入未知世界的分界，一旦跨越後，家門就關上了，沒有退路，只能勇敢向前。

六、試煉、盟友、敵人：這段旅程會遭遇各種困境和挑戰，會有貴人相助，也會有敵人來襲。主角必須開始學習未知世界的生存法則，努力活下來。

七、進逼洞穴最深處：這是未知世界中最危險的地方，主角要尋找的寶物（不論是實體的或心靈的）通常就藏在這個地方，必須征服防守在洞口的怪獸或機關才能深入其中，正所謂「不入虎穴，焉得虎子」。

八、苦難折磨：然而，事情若是這麼簡單且一帆風順，就沒有曲折離奇與高潮迭起的過程，如何看見不平凡中的偉大呢？主角遭受的痛苦愈大、挫折愈多，觀眾就愈能感同身受。一定要讓主角承受極大的痛苦且痛不欲生，才有浴火重生的

排練的目的就是要上台演出，團隊默契與應變能力就是在此時展現出來。

機會。黎明前的那一刻總是最黑暗的，唯有讓主角陷入這種極端的「黑暗時刻」，才能將劇情推向最高潮，這就是所謂的「鋪梗」。

九、獎賞：高潮時刻終於到了，主角總算克服萬難取回寶物，或是得到某種超能力，最終贏得「英雄」的封號。

十、回歸之路：英雄取得獎賞後，仍陷於未知世界。倦鳥總是要歸巢，故鄉都有愛人在等待；主角歸心似箭，決心返回平凡世界。

十一、復甦：不，你以為事情這麼簡單嗎？未知世界豈能容你說來就來、說走就走！想回家就要經歷重重險阻，之前的苦難折磨全部重演一遍。英雄必須經歷最艱苦的挑戰與磨練，才能成長茁壯，變成「真正的英雄」。

十二、帶著仙丹妙藥歸返：經過各種考驗，英雄總算帶著寶物回到平凡世界，改變了原有的一切。

在職場上，政大EMBA學生大多走過這樣的歷程。他們原本也過著平順的生活，卻因為外在環境驟變而受到各種召喚，不得不投身未知世界，承受各種試煉，結交合作夥伴，打敗競爭對手。他們的生命故事就是不折不扣的「英雄旅程」。

雖然英雄具有千百種面貌，英雄故事也有千百種模式，基本元素卻都是源自於人心最深處。透過戲劇課程一連串的探索，每一位政大EMBA學生終將走出外在衝突的救贖。

粉墨登場

排練的目的就是要上台演出，這是一種團隊願景。從每一組安排場地的能力與用心、能否準時出席排練，可以看出團隊對於願景的渴望與認同。戲劇就是一種強調團隊的活動。

經過好幾次排練後，登場演出前一定會進行彩排，從彩排過程也能看出團隊分工能力。登場的舞台跟平常排練的地方不一樣，彩排時可能要重新調整位置，演員與工作人員必須互相協調，燈光音效也要配合，甚至可能臨時調整走位或劇情，團隊默契與應變能力就是在此時展現出來。

政大EMBA學生不是專業表演者，想要履行這項任務，必須不斷地接受挑戰，學習並尊重戲劇專業。這整個過程會讓團隊產生革命情感，因為大家都曾經用心付出，也因此產生更強大的凝聚力。戲劇終究會散場，緣分卻永遠不會散。

舞台布幕拉起，粉墨登場的時刻來臨。同學們，準備上場了！

Chapter 3 幕落

戲劇與他們的人生

戲劇啟發他們的人生

從二〇〇四年至今，十四個年頭過去了，大約有將近一千名政大EMBA學生修過這門「創意、戲劇與管理」。在前面的章節中，我們談到為何要在EMBA開設戲劇課、跟創意與領導有什麼關聯，也詳述這門課的授課內容與實作方式。在每一年「秋賞」的幕起與幕落之間，這些學生到底吸收到哪些知識或體驗到哪些心得？而在幕落之後，這門課又為他們的事業與人生帶來多少收穫？於此種種，我們也感到十分好奇。

畢竟，若是沒帶給這些學生任何收穫，就表示上課方式有待改進，或是授課內容出了問題，我們必須深切檢討與改進。假如很幸運地讓每個人收穫滿滿，對人生有所啟發，讓事業更上層樓，那麼在欣慰之餘，我們更要不斷精進，希望每一位來上課的學生都能心滿意足、滿載而歸。

誠如吳靜吉博士所期許，這門戲劇課最終變成一種商業模式，上過課的學生可以對外定期演出精彩的生命故事，不再局限於政大校內每年一度的「秋賞」，而是公開售票，貢獻所得盈餘給更多有意義的人與事。

因此，我們訪談了多位上過戲劇課的政大ＥＭＢＡ學生，有些已經畢業，有些還在學就讀，聽聽他們在上課、排練與演出的過程中以及演出後的各種體悟，一方面讓讀者見證戲劇課的具體療效，另一方面也做為我們持續精進的參考。

飄洋過海的感動

一〇六級文科資創組（文化創意、科技與資通創新組）的龔斯玥學姊是北京遠嫁而來的台灣媳婦，她從沒想到，飄洋過海來台灣念書，竟然有上台演戲的機會，而且台下還有四、五百人在觀賞她的生命故事，讓她深受感動。對她而言，這絕對是一生永難忘懷的回憶，也給了她許多人生啟示。

如同本書始終強調的，生命故事是這門戲劇課的精髓。對於許多剛入學的政大EMBA學生而言，要在彼此都還不夠熟悉、才剛開始深入認識的「領導與團隊」課程中分享內心最深處的生命故事，確實是個非常大的衝擊與震撼，每個人的內心都是五味雜陳，酸甜苦辣盡皆有之。

對於龔斯玥學姊而言，分享彼此的生命故事的確令她印象深刻。每個人都有著與眾不同的生命故事，從「領導與團隊」一系列的活動中，大家逐漸敞開心扉，跟新同學分享自己獨特的生命故事，同時聆聽來自於別人的感動，讓她覺得彼此變得更親近，結交更多真心的朋友。

然後在戲劇課堂上，同學情誼更進一步加深了，課堂上的許多活動都讓她充滿深刻回憶：透過肢體開發，領悟到管理學的精髓；而在「盲人過街」，所有人閉上雙眼手牽手一起走在夜晚的校園中，感受到同學之間的信任。她深深覺得，這樣的上課方式是台灣乃至於全亞洲都少見的，也是讓她想到就會開心微笑的美麗回憶。

此外，她也在這門課學會了撰寫故事大綱，甚至學會將最初分享給同學的生命故事編寫成劇本。劇本中有超長的對白，有背景音效，也有服裝、燈光和道具，這些訓練讓她學到了專業。雖然以前沒嘗試過，但只要有心，最終都能達成。

最令斯玥學姊難忘的就是排練過程，因為每一位同學都是素人，走位常常跑到界外，演個借位吻戲也害羞靦腆，忘詞、錯詞讓人開懷大笑，真情流露令人淚流滿面。所有的過程都是難忘的經驗，也可能是這輩子僅有的經驗。最後，經過了好幾個月的排練，終於要上台了，那是一種多麼隆重的期待，是一種多什麼鄭重的準備。人說「台上一分鐘，台下十年功」，如此辛苦的排練過程讓她深刻體會到這句話的美麗與辛勞。

接近「秋賞」的時刻，每個人都動員起來，小組製作宣傳海報，努力在不同的通路行銷，希望演出時觀眾爆棚。斯玥學姊說，她做了那麼多年廣告，還真是第一

次如此盡心盡力行銷自己小組的演出。他們請來專業的化妝師，把年紀大的同學變年輕，年輕的同學變得老態些。而且，上台演出所需的服裝、道具、背景和音效，他們也反反覆覆檢查了上百次，就是要有萬全的準備，呈現最完美的演出。她深深相信，在生命的過程中，自我行銷和自我展現無時無刻不存在著；人生就是舞台，隨時都要準備好登台演出，因為上台後就沒有機會重來了。

「終於，到了上台表演那一天，雖然我們微笑地向所有人說不緊張，卻在後台萬分緊張地背誦台詞。我們用鼓勵的心牽起夥伴的手，內心的感情已然昇華，那是一種共同努力完成目標的革命戰友之情。還好，上台後都沒有忘詞；還好，遇到小狀況都機靈地克服了；還好，終於對得

龔斯玥：有耕種就有結果，有付出就有收穫，有努力就有回憶，讓這種努力持續下去吧！

起自己的付出。我們獲得了如雷掌聲，我們獲得了淚水歡笑。有耕種就有結果，有付出就有收穫，有努力就有回憶，讓這種努力持續下去吧！」這門課真的讓她充滿悸動。

回想起整個經歷，斯玥學姊特別感謝吳靜吉博士提出這種「以藝術為本」的教學方式。她深深覺得，這是政大EMBA最值得驕傲的其中一門課。

領導管理的啟發

在EMBA學生中，除了大大小小的老闆，還有許多高階經理人。在職場上，他們需要考量的事情以及面對的挑戰實在太多了，每一件事都很棘手，每一項挑戰都很艱困。不過，若是問他們什麼事情最困難最傷神，有一個答案絕對名列前茅：帶人。

的確，一樣米養百種人，更何況企業老闆和高階主管的年齡通常與基層員工有所差距，人生歷練也有所不同。各式各樣的歧異導致領導與管理益發困難，深深困擾著管理者與領導者，這是管理學上永恆的課題。

某種程度上，「管理」可以透過制度與數字來協助；相較之下，「領導」就像是一種藝術了。運用各種制度與規範來管理員工，不給員工逾矩的機會，這還不算太困難；然而，要讓員工心悅誠服認同老闆或主管的想法，發揮主動積極的團隊精神，則是需要具備卓越超凡的領導能力。

當然，如同本書一直強調的，戲劇課有助於培養領導人的領導能力。一〇五級生技醫療組的許淑燕學姊是生物科技研究機構總經理，她就深刻感受到戲劇課對她帶領團隊產生了很大的助益。

「對於我這種從小肢體不那麼協調的人，戲劇課的肢體開發是一種很好的訓練。為了讓整體畫面好看，必須學會肢體表達，畢竟某些時候領導者需要演戲，而且要演得恰如其分，所以肢體訓練很重要。」除了肢體，淑燕學姊認為聲音也很重要，我們在課堂上訓練的發聲方法很好用。她覺得很多人的聲音力道不足，尤其是現在的年輕人，而舞台表演必須把聲音傳達出去，所以她將戲劇課學到的發聲方法帶回公司，教她的員工如何發聲。

上台演出需要強大的專注力，不能只顧著說自己的台詞，必須注意舞台上跟自己對戲的其他演員。因此，淑燕學姊認為戲劇課也有助於訓練專注力：「經營事業時，雖然我自己很專注，但是我的團隊是不是同樣專注，要如何帶領不夠專注的夥伴，這些課題更重要。此外，就像司徒達賢老師一直強調的『聽說讀想的修鍊』，我們要認真傾聽別人說話，也要學習適當的表達方式，這些能力都在戲劇課堂上學到了。而且，台詞口說跟一般寫作不同，必須口語化，卻又跟一般說話不一樣，這樣會訓練出更多元的表達方式。」

身為總經理，淑燕學姊非常重視整個團隊的發展，她覺得領導者不能只在意自己說的事情，而是要把眼光放在團隊上。假如只有領導者自己很會表演，這家公司就很難擴大發展。戲劇表演不是一個人的事情，經營企業也不可能是獨腳戲，領導者必須帶領團隊跟著做，或是激發團隊的能力，讓團隊成員表現得更好。當然，領導者自身的底子也要夠扎實，才有辦法帶領別人。

舞台上的演出讓她深深體會到，主角不見得演得最好，有時配角演得更好。所以領導者不見得永遠都要當主角，有時候，把球做給別人更好！

「戲劇在意的是，每一個時刻都必須是最好的，不能講投資報酬率。排練要花很多時間，非常辛苦，結果粉墨登場只演出了幾分鐘，投資報酬率實在太低了。」關於這一點，淑燕學姊得到了深刻的啟發，她認為戲劇訓練讓人學會更全面關照事情，不會短視近利，因為演出時只要有一小段瑕疵，就會破壞整齣戲的完美。此外，表演訓練也讓她學到一個很重要的技巧：就算要教訓員工，也要找到最適當的時機點才會有效，因為職場上也需要戲劇效果。有時候，主管必須故意生氣；有時候，主管必須忍氣吞聲，等到適當時機再精準地一刀劃下去。

表演訓練讓許淑燕（左）學到：教訓員工要找到最適當的時機點才會有效，因為職場上也需要有戲劇效果。

最後，淑燕學姊說了令我們訝異卻也非常感人的一段話：「我深深感受到兩位老師非常熱愛自己的工作。而且，吳靜吉博士對於你們的提攜，以及你們對於博士的尊重，都令我十分感動，也讓我深刻自省，身為一家公司的總經理，我有沒有辦法讓別人如此尊重與愛戴。我想，這也是每一位領導人都必須反躬自省的。」

生命歷程的洗滌

許多看似高高在上、光鮮亮麗的企業家，一路走來其實充滿了挫折與艱辛、汗水與淚水。要在「秋賞」中演出自己的生命故事，赤裸裸說出自己的心路歷程，就像吳思華老師所說的，「是一種心理諮商的工具，可以自我療癒，成為個人再出發的動力」。對於一〇六級全球企業家組的吳云羨學姊而言，的確是如此。

云羨學姊是傳統產業第二代，回首來時路，她走得很辛苦。在舞台上演出自己的故事時，她告訴自己要撐住，絕對不能讓淚水潰堤，否則演不下去。這門課讓她充分反思自己的過往，演出時非常專注，彷彿回到從前，許多早年的辛酸如大雪紛飛般肆意飄落。相較於只是口頭陳述，親身演出自己的生命故事有很大的差別，整個人必須全然投入，往事就像幻燈片一張張投射出來，歷歷在目。

然而，就是要鼓足勇氣，公開面對痛苦的過往，才能讓傷口真正癒合。

除了癒合心靈創傷這種神奇的療效，云羨學姊更訝異戲劇課的訓練竟然可以讓她站在舞台上演戲，這是她從來不敢想的，也讓她更相信自己具備無限的可能性。而且，她在課程中不斷地反思內心，觀看過往；驀然回首，視野與格局已經大不相同。也因此，她不斷地提醒自己：「別人曾經給我很大的幫助，我也要盡我所能幫助別人。」

云羨學姊剛開始跟許多政大EMBA學生一樣，非常好奇EMBA為什麼要開設戲劇課程，也十分納悶表演訓練如何協助她管理公司。後來她搞清楚了：「我們必須跟其他夥伴有所互動，不僅要做好自己的事情，也要關注別人正在做什麼。戲劇課讓我的溝通方式變得更好，現在我都會加上一些肢體語言，注意講話的聲調，讓員工覺得我們的距離拉近了，不會覺得我高高在上。而且，我會提醒自己必須主動關心員工，身段放得更柔軟，團隊氣氛更融洽。」

說到「療癒效果」，身為室內設計師的一〇三級文科資創組許鶴錦學長也頗為認同：「這門課具有療癒作用，至少在上課或排戲時，被迫抽離平常工作的身分，抽離日常生活；在抽離與抽離之後回到日常的過程中，就會產生洗滌心靈的作用。而且，為了編寫劇本，很多內心話必須對同學說出來，彼此要打破心防，這也相當不容易，面對自己的內心其實蠻困難的。」不過，就是要勇敢面對自己的內心，才能洗滌塵封已久的心靈。

對鶴錦學長而言，接受表演訓練算是駕輕就熟，因為他在大學時期就參加了戲劇社，但是他卻觀察到戲劇課對於很多同學產生頗大的衝擊。戲劇表演一定會有肢體接觸，上課時就必須有某種程度的碰觸，在剛開始彼此還不太熟悉的時候，肯定會很尷尬。雖然課堂上會透過各種遊戲來拉近彼此的距離，但終究需要時間來慢慢醞釀，這對許多人是一種不簡單的挑戰。

儘管鶴錦學長已經有過豐富的演出經驗，卻還是覺得在政大EMBA上戲劇課的收穫很多：「以前我事必躬親，上過這門課之後，覺得很多事情其實沒那麼嚴重。在舞台上，每個人都有放不開的地方，雖然會讓整齣戲變得不完美，卻還是必須演完。帶著這樣的感受回到公司，看到團隊中某些人的能力不到位，我就不會那麼介意了，反而會想辦法調整他們的角色，切分適當的工作量。戲劇課讓我開始學著瞭解每一個人，不要覺得能力不好就不能用，換個適當位置或許就能讓他煥然一新；舞台上如此，職場上也是如此。」

「主管要清楚底下每個人的能力，讓他們適才適性。厲害的就當主角，不夠厲害的就當配角，配角的壓力就不會那麼大。然而，配角還是很重要，導演要留些空間給配角，因為觀眾要看的是整齣戲，不是只有主角。因此，導演在登場演出前必須知道如何用人，主角則是要學著配合整齣戲，這齣戲才會完美。」

不僅是在戲劇表演和工作場域，每一種需要團隊合作的運動不也都是如此嗎？在籃球場上，如果每個球員都只想得分、享受觀眾的掌聲，沒有人願意做苦工去防守或搶籃板球，這支球隊絕對不會有凝聚力，永遠輸多贏少。

戲劇課讓許鶴錦開始學著瞭解每一個人，能力不好的換個適當位置或許就能讓他煥然一新。

戲劇課讓吳云羨跟員工溝通時都會加上一些肢體語言，注意講話的聲調，拉近彼此距離，身段更柔軟，團隊更融洽。

表演技巧的進化

對於原本就害羞怕生、不敢站在眾人面前說話的人，表演訓練有助於改善表達能力與表演技巧，這是理所當然的。然而，對於原本就習於在陌生人面前說學逗唱、搏君一笑的人，表演訓練還能讓他更上層樓、登峰造極，那就不得不令人佩服戲劇課的效果了。

這樣的效果，就活生生出現在旅遊業資深領隊、娛樂客人經驗豐富的一〇五級文科資創組曾偉繁學長身上。

平常看到偉繁學長，直覺他就是個活寶，一言一行、一舉一動、一顰一笑都能戳中每個人的笑點。而且他在「秋賞」時把濟公扮得活靈活現，台下觀眾充滿了狂笑聲，可以想見平常被他帶團旅遊的客人應該都笑得花枝亂顫。

儘管如此，他還是覺得自己「不是那麼擅長用表演的方式說話，只能平鋪直敘說出來」。但是在登台演出的過程中，他學到了「說出來的每一件事都要讓大家很開心，也要非常有感觸，所以學會用聽眾或觀眾的角度來講事情。以前沒想到那麼多，只是用自己習慣的方式」。

戲劇課讓偉繁學長覺得：「自己的台風變得更好了，甚至會帶著演戲的方式來炒熱氣氛。以前都不會注意到必須面對觀眾，但是現在知道必須如此，知道如何增進自己跟觀眾的互動，不論是語調和表情都進步了。」他還說：「現在我帶團出國的時候，都會帶入更多戲劇技巧，用表情、語氣和肢體表演給大家看，客人笑得更開心。」

「我真心覺得，戲劇課讓每個人的說故事能力增強了很多，原本就個性害羞的人會進步更多。而且，這種能力對職涯發展肯定有很大的幫助，畢竟位階愈高愈需要優異的表達能力。」偉繁學長表示，商場上有很多硬梆梆的文件，也有許多冷冰冰的數字，這些都是非常重要的客觀依據；然而，若是能搭配適當的表情手勢以及動人的說故事能力，就更容易搞定客戶，成交機率也會大增。

「戲劇課讓我更願意嘗試許多原本不願嘗試的事情，上台演出強迫我必須改變。」偉繁學長滔滔不絕說出戲劇課帶給他的收穫：「現實社會中，每個人都必須演戲，沒有人可以真正做自己。戲劇課訓練你更會演戲，更能周旋在人情冷暖之間。在職場上就更不用說了，會不會演戲非常重要；說得坦白一點，想要巴結老闆和客戶，想要升官、加薪、成交生意，除了擁有實力，還要具備演技。」

此外，就像我們在前面章節提過的，表演訓練也有助於提升應變能力。偉繁學長那一組演出時有人忘詞，他在台上靈機一動，當場對那位忘詞的同學說「台詞很難背喔」，反而帶來很大的「笑果」，台下觀眾狂笑不已，瞬間化解同學忘詞的尷尬。偉繁學長強調，碰到任何狀況時，只要能緊急處理，讓觀眾開心，也讓客戶開心，大家都開心，那就好了。這就是應變能力的展現，也是團隊默契的考驗。

當我們談到戲劇課對於人生的啟發時，原本渾身充滿「笑果」的偉繁學長突然變得感性起來：「兩位老師非常專業，知道每個人適合什麼樣的角色，可以讓我們

曾偉繁：戲劇課讓說故事能力增強很多，對職涯發展肯定有很大的幫助，畢竟位階愈高愈需要優異的表達能力。

有所發揮卻又不至於太吃力，有點挑戰卻又不會演不下去，因為我們都不是專業演員。說真的，表演者自己若是過不去，就會演不好，一定要找自己過得去的表演方法。工作上也是如此，不是嗎？一定要過不去嗎？換個方式讓自己過得去，不也是很好嗎？」

他充滿感性地繼續詮釋：「上完戲劇課，我對其他人的觀感開始有一些改變，改變許多先入為主的成見。以前我都站在自己的角度觀看事情，但是當我聽了那麼多人的生命故事，發現他們曾經有過那些點點滴滴，遇過那麼多人生關卡，就會比較懂得體諒別人、更有同理心，也開始知道必須站在別人的角度來思考。其實，很多事情沒那麼嚴重，轉個念頭就好。」

說到這兒，偉繁學長又振奮起來了：「秋賞演出時，我們前面那組剛好演得很悲情，他們演出父親驟逝的情節，全場觀眾都被感染了悲傷情緒，眼眶都是紅的，連我們在後台等待出場也全被感染了。可是，我們這組要演的是喜劇啊！滿場如此哀戚，我們怎麼演得下去？沒辦法，當場我也只能強顏歡笑，用振奮的語氣向同組夥伴精神喊話，希望大家趕緊轉換情緒，畢竟我們一出場就要帶給大家歡笑！」

「所以，這就像是對客戶進行簡報，前面的競爭者表演得再怎麼好，我們都不能垂頭喪氣。輪到我們上場時，還是要振作起來、全力演出！」偉繁學長為他的戲劇課做出強而有力的心得總結。

互相信任的愉悅

在前文中，我們曾經提到《管理就像一齣戲》，作者認為優秀的劇場導演就是優秀的領導者，因為劇場導演具體展現出執行力、領導力、創新力、控制力與規劃力等五種能力。當我們訪談一〇四級國際金融組的林淑芬學姊時，學姊腦海中第一時間浮現的就是這本書。身為高階經理人的她認為，營運一家公司就像在導一齣戲，演出那一刻就是營運成果的展現，如何讓每一位團隊夥伴各司其職、完美分工，絕對不是容易的事。

戲劇課讓淑芬學姊印象最深刻的就是「盲人過街」，這項活動讓她更加信任團隊。雖然已經過了幾年，那時的情景依然歷歷在目。當所有人閉上眼睛走到定點時，張開眼睛的那一刻讓她非常震撼；直到現在，只要看到當初拍攝的所有人手牽手照片，依然備受感動。

淑芬學姊原本就很喜歡寫文章，因此自告奮勇接下撰寫小組劇本的任務。開始寫劇本時，她才發現其中有很多竅門，必須非常精準，每個場景都要交代清楚，跟平常寫寫文章大不相同。有著國際專案管理師證照的她，對於專案管理的執行力與

林淑芬（左二）：時間有限的時候，不只輕重緩急要清楚，還必須精準，否則很容易顧此失彼。寫劇本時如此，工作時也是如此。

確實度要求甚高，戲劇課的訓練更加精進了她的專案管理精準度。

此外，她還提到一個重要心得：「我想傳遞的東西太多了，但是劇本必須有張力，演出時間也有限，所以不能太貪心，只能明確抓住重點核心，以最大效益傳遞出去。寫劇本如此，工作時也是如此；時間有限的時候，不只是輕重緩急要清楚，還必須精準，否則很容易顧此失彼。」

訪談最後，淑芬學姊認為戲劇

課帶給她的最大收穫是，上台演出竟然讓她多出了意外的友情。他們這一組的故事實在太感人了，賺到許多觀眾的熱淚，也剛好觸動某位觀眾的心。散場時，這位觀眾特別在門口等他們，因此成就了一段友誼。淑芬學姊說，光是這樣，這門課就值得了。

還有一位學姊也對「盲人過街」特別有感觸，因為這是讓每個人卸下心防、彼此信任的最佳活動，她是九八級國際金融組的李惠美學姊。

提到當初選修戲劇課的緣由，惠美學姊覺得非常不好意思。她坦承當初誤以為這是輕鬆又好玩的營養學分，興沖沖選修了這門課，後來才發現上當。確實很好玩，但是一點都不輕鬆，必須撥出好多時間來排練。

話雖如此，戲劇課卻讓她勇敢面對過往的傷痛，展開全新的人生。當年撰寫劇本時，讓她回想起婚姻中的種種不開心，原本已經結痂的傷口又被血淋淋地扒開。一開始寫故事只是單純的描述，後來上台演出時，她覺得似乎脫離了自己的身體，從第三者的角度回頭凝視自己的人生。然後，一切豁然開朗！

惠美學姊很高興自己走出失婚的陰影，她被婚姻壓抑了十幾年，幸好有家人的支持與幫忙。「失婚讓我更獨立，讓我工作更努力。我很感謝前夫，他讓我加速成長，因為當下我覺得婚姻不可靠，只能靠自己。我重新審視生命，當年就是因為家裡很窮，媽媽又是精神病患，很想脫離原生家庭，所以很快就結婚了。當我發現這場婚姻有問題時，卻又拖拖拉拉不離婚，造成雙方更大的痛苦。後來下定決心離婚時，頓時覺得海闊天空、雨過天青。

當初誤以為是營養學分的戲劇課，卻讓李惠美得以勇敢面對過往的傷痛，展開全新的人生。

相由心生，我自己都覺得現在比以前漂亮多了。」

透過戲劇課，惠美學姊不再只是從書本上療傷，而是在生活中真真切切重新發現自我。

意外的甜美果實

其實，絕對不會只有惠美學姊誤把戲劇課當成輕鬆又好玩的營養學分，肯定還有許多人也是如此，一〇〇級文科資創組高啟明學長就是其中一位。不過，雖然誤上賊船，他卻意外撒下一顆種子，最後結出甜美的果實，變成一場美麗的誤會。

啟明學長不僅因誤會而選修了戲劇課，更是對這門課誠惶誠恐，因為他自認沒有戲劇底子，擔心無法通過嚴格的訓練要求。「兩位老師與我們的互動，讓我打從心底感到震撼，也讓我十分感動，很多事情都是我以前沒做過的。在戲劇課堂上，每一位高階主管都必須放下身段，老師甚至要我示範想上大號卻大不出來的樣子，我才發現原來身體可以這樣運用。」

目前專職輔導新創團隊的啟明學長非常清楚，他的工作必須具備柔軟的協調能力，而當年的戲劇課確實提升了他的溝通能力。「漫長的排練過程中，每個人都有自己的脾氣與意見，需要充分溝通協調。劇團就是社會的小縮影，如何說服別人接受自己的看法，也是一門高深的學問。」

此外他也認為，「學著放開肢體，就會產生想像力，就會變得更勇敢，人生就會出現更多不同的選擇。如果當初只是把戲劇課當成一門課，它就只是一門課；然而，戲劇課其實是個平台，它開啟了你的心眼與肢體，讓你做出一些平常不敢做的事情，也讓你勇敢得站在一堆人面前說出台詞，訓練你的台風。這不是特別困難的學問，卻是一段與眾不同的過程。人生有各種酸甜苦辣，我們用不同的角色來演出這些滋味，同時領略到戲劇帶給我們的美好。」

對啟明學長而言，「秋賞」並不是課程的結束，而是另一種開始。戲劇課把他

高啟明：戲劇課其實是個平台，開啟了自己的心眼與肢體，讓你做出一些平常不敢做的事情，也讓你勇敢得站在一堆人面前說出台詞，訓練你的台風。

改造成另一個人，讓他覺得演戲與劇團非常好玩，在他心中打開了一扇門，而這扇門也迎入一段美麗的機緣。

「我們這組一起排練了好幾個月，秋賞結束後想要延續這門課的美好感受，因為那份感動還在心中燃燒著，所以我們積極討論，看看可以利用這份感動幫偏鄉小朋友做些什麼。後來，我們決定到宜蘭頭城某個偏鄉小學表演給小朋友看，這是我們的第一場；接下來又到不同的偏鄉小學演出好幾場，最遠還到了小琉球。」

啟明學長說：「一開始我們以為，是我們分享歡樂給偏鄉小朋友；後來卻發現，其實是偏鄉小朋友分享歡樂給我們。也因此，我們決定成立政大ＥＭＢＡ『傻瓜劇團』，除了演戲給小朋友看，帶給他們歡樂，還可以留下很多愛心，例如各種物資補助。EMBA學生具備各種背景，可以提供各種服務；劇團中也有醫生，甚至能提供醫療服務。戲劇課點燃一個小火苗，我們順勢點燃了更多火花，讓這些火花如星火燎原般延燒開來。而當傻瓜劇團做出口碑、受到肯定後，許多基金會主動來找傻瓜劇團演出，我們就能提供更多歡樂給更多小朋友。」

意外撒下的種子，最終結出甜美的果實。直到現在，傻瓜劇團的學長姊仍在忙碌工作之餘到各地演出，延續這件有意義的事情。這一切，都是因為「創意、戲劇與管理」這門課而誕生的。

原來，戲劇課不僅能提升創造力與領導力，還能改變許多人的人生！

跋　關於「秋賞」與生命故事

政大EMBA「創意、戲劇與管理」這門課從二〇〇四年開始，「秋賞」亦從當年開始，開始的前幾年是期望從現成的劇本出發。

二〇〇四年的第一屆「戲劇呈現」是用「綠光劇團」的《人間條件一》的片段，演出場地是在商學院一樓的國際會議廳；二〇〇五年是用「綠光劇團」的《領帶與高跟鞋》，地點也是商學院一樓的國際會議廳；二〇〇六年，政大EMBA正式將「戲劇呈現」命名為「秋賞」，並且擴大辦理，演出場地是政大藝文中心大禮堂，一個比較正式的劇場，使用的劇本是吳靜吉博士當年指導的「蘭陵劇坊」的成名作之一《荷珠新配》。政大EMBA辦公室做足了宣傳，除了EMBA的學生外，還廣邀附近的居民，希望讓「秋賞」成為政大EMBA敦親睦鄰的一種方式。

二〇〇六～二〇〇八年：現有劇本演出

《荷珠新配》是金士傑於一九八〇年取材自京劇《荷珠配》，運用現代劇場方式，將之改寫為《荷珠新配》，並以耕莘實驗劇團成員為主所成立的「蘭陵劇坊」，在當年實驗劇展中演出此劇，劉靜敏❶飾演「荷珠」、李國修❷飾演「趙旺」、李天柱❸飾演「老鴇」、卓明❹飾演「劉志傑」，除了受到廣大的迴響，並在接下來的三年內連演三十三場，更獲得轟動性的成功，研究台灣劇場寫實主義到

❶現改名劉若瑀，優劇場創辦人暨藝術總監，二〇〇八年國家文藝獎得主。
❷屏風表演班創辦人暨藝術總監，第一屆國家文藝獎戲劇類得主，於二〇一三年病逝。
❸資深演員，曾獲第四十一及五十一屆金鐘獎最佳男演員獎。
❹一九八〇年與金士傑共同創立蘭陵劇坊，一九九〇年代轉往南台灣培訓表演藝術人才。

後現代歷程的鍾明德教授❺認為此劇是「小劇場運動的火車頭」。

《荷珠新配》是一齣五幕劇，主要是講一間酒家來了個假富翁「趙旺」，他的真富翁上司「齊子孝」一直想尋找失散多年的女兒，於是一聽到這故事的酒家女「荷珠」決定冒充「齊子孝」的女兒，而養父「劉志傑」跟「老鴇」也想分一杯羹，就是各懷鬼胎的一齣喜劇，真正演出演員共有六位，但是EMBA修課的學長姊有三十多人該如何分配呢？況且EMBA的學長姊是在職修課，必然無法像職業演員般用那麼多時間排練，於是我們就將這五幕拆開，也就是每三～五人演一幕，因此就有四位「荷珠」、五位「趙旺」等等，每個學長姊都有角色，且負擔沒有那麼大，我們也可以分開排練，最後再一起整排。

二〇〇六年九月三十日，政大EMBA第一屆「秋賞」正式在政大藝文中心大禮堂展開，台上的演員大部分是第一次粉墨登場，我們知道他們非專業，因此並未用專業的方法對待他們，我們充滿了包容，台下的觀眾除了EMBA的同學，也有附近的居民，當然還有我們課程的最高領導吳靜吉博士。

隨著劇情一幕幕的展開，我們的心情也是忐忑不安，雖然對於EMBA的學長姊來說是一場「活動」，但對我們而言則是一場「演出」，身為導演，對於每一場演出都是戰戰兢兢的，終於我們擔心的事情發生了，台上的演員開始忘詞、笑場，我們不時偷瞄吳靜吉博士的反應，面無表情的吳博士讓我們的心情更加複雜，終於戲演完了，台上的演員如釋重負，觀眾也報以熱烈的掌聲，我們兩人也大呼一口氣，看似台上台下都很開心地拍照的同時，我們卻有一股說不出的寒意從背後竄出，就當我們準備送吳博士到大禮堂門口時，吳博士很嚴肅地要跟我們二人講一些話，就這樣我們三人在寒風中，站了一個多小時……

❺鍾明德（一九九九）。《台灣小劇場運動史—尋找另類美學與政治》。台北：楊智。

吳博士很認真地跟我們說政大EMBA之所以有這門課，除了前面章節說的重點之外，還有一點很重要——希望商學院的學員能夠了解劇場的專業，《荷珠新配》是當年吳博士一手看著他長大的劇碼，看到自己的「小孩」在台上忘詞、笑場，各種「非專業」的狀況發生，讓他非常難以接受我們可以容忍這樣的演出，吳博士說如果這門課的學生認為劇場或演員是如此的簡單，那劇場就永遠不會被尊重，所謂術業有專攻，EMBA的學長姊在企業界都是專業優秀的人才，而我們是劇場專業人才，我們有責任讓他們了解專業而不是包容帶過，只要上了台就是演員，而演員的表現就是導演的責任，就是因為我們沒有要求，身為劇場人要被人尊重前要先尊重自己的專業。就這樣我們開始思考接下來該如何進行這門課，是要用現成的國內劇本，還是乾脆用國外的劇本，還是什麼樣的形式可以讓EMBA的學長姊了解劇場專業，而且可以在有限的時間完成，這個問題讓我們深思許久。

接下來二〇〇七年我們嘗試用主題的方式由各組天馬行空的編劇，主題是創造

大熊老師劉長灝。

小狼老師郎祖明。

一個節慶，演出地點又回到商學院一樓的國際會議廳，這次的嘗試雖然是新創的劇本，但是內容上比較類似同樂會的感覺，缺少戲劇的成分。二〇〇八年我們嘗試國外劇本——法國知名的《小王子》，演出地點一樣是商學院一樓的國際會議廳。

《小王子》演完後，彷彿當年場景重現，只是這次是在商學院的一樓，吳博士語重心長地跟我們說，這些年看下來，雖然看得出EMBA的學生很努力的揣摩劇中角色，但總是覺得不夠動人，感覺這些故事跟學生們有一種說不出的疏離感，如何讓故事能夠融入學生本身，其實最好是自身經歷過的，吳博士提出了生命故事的概念，要我們好好思考可行性，於是政大EMBA獨有的生命故事之「秋賞」，於二〇〇九年十月二十五日，正式上演。

二〇〇九年～至今：演出自己的生命故事

由於人數與時間的關係，我們採取分組的方式進行，首先第一步讓他們自行分組，因為生命故事需要熟悉的人在一起比較容易敞開心扉，第二步各組自行分享生命故事，第三步各組討論生命故事的共同點或相似的地方，第四步教授劇本撰寫的基本方法，各組根據生命故事先撰寫分場大綱，我們再根據分場大綱一一討論確定，各組再進行劇本的撰寫，最後我們兩人各帶二～三組開始排練。

第一次總是緊張的，地點依舊是商學院一樓的國際會議廳，一個非劇場的場地。第一個故事就是九八級國際金融組的李惠美學姊與另一位學長的故事，學長的故事是講述他到上海工作、太太生產時血崩難產，無法第一時間趕回台灣（故事發生當時尚未直航，需在香港轉機），在飛機上內心掙扎的心情，演出時真情流露，潸然淚下，我們偷瞄一下台下的吳博士也是哭紅了雙眼，原來生命故事的魅力就是「真實」，台上的不只是「演員」，而且是一種自我療癒的真實情感，另一組的故事是用喜劇的方式呈現，前總統府發言人范姜基泰學長演活了年輕時父親的那種草根形象，相信當時的他某個開關被開啟以至於現在立志當一位專業的演員，目前范姜也正在台灣藝術大學表演藝術研究所就讀中。

第一次的生命故事演出結束，我們就好像第一次上台報告一樣，在商學院一樓，不安地等著吳博士的講評，吳博士微笑著，眼眶還有些許的濕潤，拍拍我們的背說：太感人了，這就對了！這些高階經理人或老闆，他們的人生歷練如此豐富，他們演出自己的故事，因為是自己的故事，所以如此的自然不做作，因為是原創的故事，所以演員的台詞怎麼講都是對的，不會有忘詞、笑場，而且貼近生活，容易引起共鳴。

我們當下鬆了一口氣，也為第一次的生命故事成果感到欣慰，二〇一〇年秋賞還是在政大商學院一樓國際會議廳演出，吳博士語重心長的說故事是感人的，可是場地是不專業的。希望未來可以在專業的場地，有專業的舞台燈光效果，讓觀眾真的像是進劇場看戲一樣，吳博士還是強調要讓ＥＭＢＡ的學長姊了解劇場是專業的，希望我們能銘記在心。

吳博士的話我們確實銘記在心，二〇一一年的「秋賞」，我們請EMBA辦公室商借傳播學院的劇場，這是「秋賞」第一次在專業的劇場演出，果然在專業的劇場燈光氣氛下，生命故事的演出更豐富得展現出劇場的格局。

所謂由儉入奢易、由奢入儉難，從二〇一一年開始，「秋賞」就朝向專業劇場的路邁進，二〇一二年依舊在傳播學院的劇場演出；二〇一三年適逢藝文中心整修完工，「秋賞」改在藝文中心三樓視聽館演出，這個劇場跟傳播學院劇場最大的差別在於觀眾席與舞台的距離，視聽館的觀眾席不像傳播學院劇場那麼陡，觀眾的視角又更舒服，「秋賞」的專業化又邁進了一小步；二〇一三年「秋賞」演出結束，吳博士提出一個建議，如前述，參與秋賞的學長姊分成六～七組演出，每組十五～二十分鐘，各組故事不同，或者是某個人的故事或者是每個人的故事串在一起，各組並不相同，但是因為場景的不同會有很多暗場換景的狀況，情緒容易被打斷，希望我們可以思考如何改變。

「領導與團隊」及「創意、戲劇與管理」的課程都是在當時的政大商學院院長吳思華老師的支持下所開的課程，藝文中心的整建亦是在吳思華老師任政大校長時所規劃的，當時蓋了水岸電梯及水岸劇場，而吳靜吉博士則是隨時都在想創新創意的一位學者，他提議是否可以把「秋賞」搬到水岸劇場，利用「環境劇場」❻的概念，沒有換景，沒有情緒被打斷的問題，觀眾在涼爽的秋天坐在水岸邊，天空就是布景，水岸對面房子的燈光就像點點繁星，這個建議著實讓我們緊張了一下，一方面「環境劇場」並非我們的專長，另一方面戶外演出最大的變數就是天氣，雨天備案也是件很傷腦筋的事，不過既然課程名稱是「創意、戲劇與管理」，我們也必須要發揮創意。

二〇一四年唯一的戶外演出

二〇一四年十一月一日，政大EMBA「秋賞」第一次的戶外演出即將在政大水岸劇場展開，這是一個相當大的場地，從水岸電梯的出口到主舞台大約五十公尺，前一天晚上的彩排超過晚上十點，還接到水岸對面住家的抗議，因為場地太空曠，音響聲音傳得很遠。另外，除了主舞台的基本照明，其他地方得靠自然光及追蹤燈，演員們也沒有像劇場那樣的翼幕可以躲藏，一出來觀眾就會看到，這就是「環境劇場」的可愛與可怕之處。

木柵是個多雨的地區，當天天氣預報降雨機率三〇%，而且愈晚愈高，晚上七點的演出，六點開始飄雨，所有人都忐忑不安，就在開演前十分鐘，雨停了，在後台暖身的演員們暫時鬆了一口氣，卻也看到另一番景象，每個人用不同的方式祈求雨停，禱告的、念佛的、靜坐的，好不趣味。

❻「環境劇場」（Environmental Theatre），一般認為發明者是「當代四大戲劇理論家」之一的理察．謝喜納（Richard Schechner），他將自己在劇場多年來的創作、實務與觀察，集結、歸納成一種劇場形式。

七點一到，演出正式開始，當時的教育部長吳思華老師也在台下屏氣凝神的欣賞。第一組的演出就是一〇三級文科資創組許鶴錦學長的那組，一台真的機車呼嘯而過，停在教育部長面前，訴說一段高中時期荒唐的歲月，遠方傳來教官的聲音，追蹤燈打亮才知道教官是在二樓。另一組講的是一九四九年逃難到台灣的故事，一位飾演侍從官的學長過於緊張把「快上船」講成「快上床」，頓時觀眾席哄堂大笑，也成為日後大家茶餘飯後美好的回憶。接下來的一組正當全場靜默且無燈光的狀態中，只聽到「叮」的一聲，水岸電梯的門打開，走出一對劇中的情侶，緩緩地邊往主舞台前進邊講台詞；另一頭燈亮起，一位學長優雅地拉起大提琴，自述一段與家人的過往，原來在大自然下的聲音是如此和諧，演員除了在主舞台，還會不時穿梭在觀眾之間，彷彿觀眾就像是演出的一部分，這就是「環境劇場」的魅力，觀眾與演員之間的界限不再只是觀眾席跟舞台，而是融為一體。

就在這個時候，遠方飄來一片烏雲，天空飄起細雨，我們心想「糟了，就剩下最後一組，該不會……」，不管，就算撐傘也要把它演完，也許是演出精彩，也許是老天保佑，觀眾開始撐起雨傘，天空依舊飄著細雨，最後一組就在忽有忽無的細雨中完成演出。掌聲響起，政大EMBA「秋賞」再次創造一個可能，大家對於這次的演出都感到不可思議，吳靜吉博士也讚譽有加，希望隔年可以繼續這樣的演出形式。

二〇一五年，原定希望一樣在水岸劇場演出，就在帶大家看場地的那天，一位身材壯碩的學長一腳踩斷了觀眾席的木板，基於安全考量，我們回到藝文中心三樓視聽館演出，之後水岸劇場就被拆除，二〇一四年的第一次戶外「環境劇場」的「秋賞」就變成是唯一了。

二〇一六年開始，EMBA執行長邱奕嘉老師認為應該讓「秋賞」更專業且可以容納更多觀眾欣賞，於是就在更大、更專業的藝文中心大禮堂演出，往後二〇一七年亦是在藝文中心大禮堂，二〇一八年因為檔期因素才又回到藝文中心三樓視聽館演出。

從二〇〇九年「秋賞」正式以生命故事為本，創作出自己的故事以來，不只學長姊們發揮創意自己寫故事，EMBA辦公室也一起發揮創意，每次「秋賞」就像一場正式演出，包括海報、EDM、節目單等，都要發揮巧思設計，其中最重要的莫過於當年「秋賞」的主題，主題命名是一個腦力激盪的過程，我們必須從當年各組的主題著手，找出相同點再集思廣益一起想主題，最後再與吳靜吉博士討論確定，每次的討論都是一種集體思考的過程。

二〇〇九的主題是《咱ㄟ代誌》，因為是第一次的生命故事所以以我們的故事台語發音為主題；二〇一〇年，各組故事都跟「愛」有關，主題訂為《就是因為「愛」》；二〇一一年，《為了幸福，選擇離開》；二〇一二年，學員當中有民意代表，故事中有很多跟「喬」事情有關，因此主題訂為《人生五味作伙「喬」》；二〇一三年《不再錯過人生風景》；二〇一四年《遇見陌生的自己》；二〇一五年

《跟過去說對不起》；二〇一六年取材自王家衛電影《二〇四六》「所有的記憶都是潮濕的」主題訂為《那些潮濕的記憶》；二〇一七年取材自網路用語，《老天鵝啊！開什麼玩笑》；二〇一八年《親・愛的，有那麼難嗎？》。透過不同的主題，讓每年的秋賞都有各年度專屬的回憶。

峰迴路轉柳暗花明

生命故事的形成如同一場對過往的一種審視，或是一種解脫，十年來並非所有的學長姊都能面對自己的生命故事，我們在「秋賞」所欣賞到的故事，都是經過各組反覆的分享與溝通，就如同一個小團體一樣，各司其職的做好每個人的工作，十年來曾經發生過上台前不敢面對過往的卻步，演出前的臨時換劇本等等，都是對這門課的一項考驗。

二〇一八年，我們就面臨了這樣一個考驗。

二〇一八年六月，分組確定後各組自行分享及討論，通常因為我們兩個人會各負責三組，因此每組我們能指導的時間大約四次，其他時間由各組自行排練，「老鷹組」就在老鷹學長的組織下開始進行分享。老鷹學長是一位紀錄片導演，因此我們相信他的判斷。

第一次碰面的時間到了，通常第一次我們會先確認劇本架構，組員們一致通過希望演出法官學姊的故事，法官學姊小時候因為家中被查封而立志當法官，我們在閱讀完劇本後認為故事本身非常勵志，決定開始進行讀本。故事的主角當然是法官學姊，幾乎貫穿全場，角色非常吃重，台詞也不少，當天法官學姊未出席，同學們聯絡的結果是趕不過來，不過我們還是先進行讀本，至少讓其他學長姊可以了解角色，我們跟大家說，下次碰面開始排戲拉走位，請大家務必認真的看劇本。

第二次碰面，已經七月底，距離秋賞剩下不到二個月，法官學姊因為家中有要事，依舊無法出席，此時小組成員面面相覷，也不知如何進行，我們一方面請大家探詢學姊出席的可能，一方面也在思考換故事的可能。換故事不是說換就換，要顧及法官學姊的心情，也要顧及所有組員的看法，時間是最大的挑戰。

這次排練沒有進度，我們開始跟組員溝通，試著讓大家再一次分享生命故事，看看能否有第二個備案。大家都推說自己很平凡，沒有精彩的故事，其實每個人的故事都是精彩的，只是如何說出來跟呈現出來。這組主要成員以EMBA一〇七級為主，還有一位一〇五級的小主學姊。在每個人簡單分享的過程中，咖啡學長分享一個跟靈異有點關連的成長故事，故事追溯到上二代。咖啡學長是姓祖母的姓，當他到一間廟參拜的時候，廟公跟咖啡學長說他過世的祖父希望可以恢復原姓，進而讓咖啡學長回家了解家族歷史，不管廟公講的是否真實，咖啡學長對自己家族歷史卻有更進一步的了解。大家聽完一致認為也是不錯的故事，我們環顧四周心中盤算一下，故事本身非常有張力，但要如何在有限資源底下呈現那種有點玄的概念會是一個難題。最後只剩下小主學姊還沒有分享，她很客氣的說要以一〇七為主，當下我們也不勉強，因為生命故事是一種自願式的心靈成長，如果不願敞開心胸也就失去了生命故事的意義。

我們試著引導學姊說出她的故事，生命故事以自己的經歷出發，從家庭、愛情、婚姻、親情、子女等等去回顧自己的一生。我們先從最近的開始，詢問她現在的工作，學姊是自己創業，是網路行銷相關的工作，大概了解工作性質後，再問她創業之前的背景。原來這不是第一次創業，之前曾經失敗過一次，這是第二次創業了。學姊開始講那一段創業經歷，雖然驚心動魄卻還是感覺不好呈現，畢竟總共有九位學長姊要演出，每個人的角色安排也是要考慮的地方。

我們順勢接著往下問婚姻狀況，這時彷彿開啟了某個開關，學姊開始娓娓道來她的愛情史，故事從她高中開始說起，高中時期的她暗戀一位學長，高又帥，還是籃球隊長，害羞的她經常請閨蜜幫忙送情書，希望得到學長的青睞，看著學長在操場打球的英姿，學長對她回以淺淺的微笑，並緩緩的朝她走來，正當心中小鹿亂撞時，就像偶像劇常演的劇情般，學長開口了，希望可以跟閨蜜做朋友，學姊的心碎了，還沒初戀就失戀，是一種青春的苦澀。剛上大學，各社團奮力的招生，學姊選擇了登山社，原因無他，登山社社長是她心儀的那種「歐巴」，平常不愛運動的她開始跟著登山社練習體能，無非就是希望可以接近社長。終於第一次的登山體驗要開始了，目的地是雪山，當時的天氣預報雪山大約是十度以下，準備好裝備，心中幻想著在寒冷的山上與社長依偎著取暖的畫面，整晚興奮得睡不著，在集合地點等半天，社長怎麼都沒有出現，四處張望還是找不到社長的身影，四處打探才知道社長生病了，學姊心情低落到谷底，已經答應的事情也不能臨時喊卡，身上的裝備壓得喘不過氣，山上的氣溫就跟學姊的心情一樣低。拖著沉重的步伐到達紮營的地點，社團幹部說食物有限要省點吃，社長也不在，登山也不是自己的興趣，又餓又冷又累，學姊告訴自己不要再為男人受這種苦了，幻滅是成長的開始，要為自己寫日記。

還有嗎？我們追問著。學姊出社會開始工作，當時男友當兵去了，我們心想會不會有更離奇的事情發生，果不其然，原來電視演的都是真的，學姊在男友生日當天希望給他一個驚喜，帶著生日蛋糕去軍營會客，遲遲不見男友出現在會客室，門口站崗的阿兵哥都已經換班了，還不見男友的蹤影，學姊很有禮貌的詢問剛剛上崗的安全士官，安全士官的回答讓她當場不知所措，「你是他的家人嗎？他一早放假就跟女友出去玩了！」女友？我才是她女友啊！這次換士官不知所措，學姊強忍著淚水，放下蛋糕揚長而去。沒錯！學姊被劈腿了，通常兵變的是男生，沒想到是女生被兵變，妙了吧！奉勸大家沒事不要隨便給男女朋友「驚喜」，經常換來的結果會是「驚嚇」。

正當大家以為故事到此已經相當精彩時，我們繼續詢問學姊

遠赴北京探視男友的小主學姊（右）再次面臨情感背叛。

現在的婚姻狀況，未婚，想必應該還有更精彩的故事吧！果不其然，學姊不慍不火的講出那一段往事：那是一個冬天，交往三年的男友決定到北京創業，二人開始遠距離戀愛，每天的熱線只是小菜，學姊還金援正在創業的男友，電話那頭男友訴苦，創業是多麼的艱辛，不只身心俱疲，資金也燒得差不多了，學姊安慰他說，如果真的太辛苦就回台灣吧！男友很有骨氣的說一定要成功才會回來，只需要再支持他一百萬一定會成功，學姊不加思索的把年終獎金跟年度分紅匯去北京，從未去過北京的學姊還特別請了年假要去北京探望他，電話那頭雖然沒有反對卻也聽不出雀躍，學姊心想，應該不會再有變化吧！收拾行李帶著愉悅的心情登上飛機，男友依約來接機，出租車上男友若有所思，可能是工作壓力大吧！她想，出租車停下的地方是飯店，怪了，為何不是去男友的住所，不是創業很辛苦嗎？為何還要花錢住飯店？這些疑問讓她心中有些不安，她沒多問，進房間男友放下行李，面色凝重的對她說抱歉，難道八點檔劇情又要展開了嗎？這次不只是劈腿，對方已經懷孕了！再多的抱歉都無法彌補學姊心靈上的傷害，不但感情沒了，錢也沒了，走在零下的北京街頭，學姊吶喊著：「天啊！我怎麼那麼苦啊！」學姊的臉上還帶著一絲微笑，有種看破紅塵的感覺，想來她應該已經釋懷了，沉思一會兒，我們問大家有沒有想法，也同時請組員詢問法官學姊是否同意換劇碼，就這樣距離演出只剩下四週，決定更換故事。

演出生命故事是自我救贖

老鷹學長很努力的在一週內寫好劇本，準備開始排練，角色的安排又是一個問題。雖然不是自己的故事，但是要演別人的故事而且是反派角色的時候，大家還是會有形象上的擔心，即使我們是指導老師，還是必須顧及到每個人表演能力還有形象，曾經有學長因為和同學演情侶演得太入戲而差點家庭革命，我們必須避免這樣的事情發生，小主學姊的故事中除了渣男就是劈腿的對象，法官學姊已婚且形象正直，我們認為不太適合，同組只剩下一位正妹學姊未婚，當我們提出希望她演這個角色時，她略帶嬌嗔的說：「唉唷！老師，人家還未婚，演這個角色別人都不敢追我了！」也是，如果演得太寫實的確會有形象上的問題。我們再次跟大家討論劇本，小主學姊的故事聽起來好像很悲慘，但是如果小主已經釋懷，何不用喜劇的方式演出，笑看這一切，當我們提出這樣的想法，感覺剛剛決定演渣男的學長們也鬆了一口氣，就這樣順勢化解了過於寫實的尷尬，小主也自我解嘲的說：「那些年，我怎麼那麼苦啊！」這句話也就成了這組的劇名。

順利的排練後，接下來就是服裝、道具、音樂的準備，往年的演出都是各組自行準備，當然這年也不例外，因為我們是非售票的封閉式演出，通常大多是在網路擷取音樂當作背景樂，老鷹學長說有困難，因為法官學姊是律師，且精通著作權法，法官學姊說這樣是侵權的行為，這倒是我們以前沒想到的，身為劇場人，侵權的行為當然不能容許，於是重新找合法的音樂；小主學姊的故事，以喜劇呈現，但是我們跟小主說，最後希望有一段獨白，對你的生命故事下一個註解與總結，於是小主學姊寫下了這段獨白：

一路走來有很多風景，回首看從前，當初痴狂的、發傻的，現在都變成了養分，成為生命的底蘊。我經歷過徹頭徹尾的背叛，慢慢才知道了人生什麼才是最重要的。生命或許不能盡如人意，但我們可以不用活得那麼委屈、遭受那麼多愛情的苦！此刻的我站在這裡，看見台上台下這麼多幸福美滿的學長姊們，我相信，很快也可以跟你們一樣，享受家庭圓滿的快樂，就讓我們一起幸福吧！

生命故事的演出其實就是一種真實的自我救贖，無論是喜劇、悲劇，都是透過戲劇與對話的方式對自己的過往致敬，是選擇放下或是回到過去的美好，都是一種心靈上的出口，戲演完了，人生還要繼續，政大ＥＭＢＡ「創意、戲劇與管理」之生命故事將會是未來大家印象深刻的生命故事。

採訪後記

一段充滿創意與緣分的旅程

我是個從出版社基層編輯幹起的出版人，ＥＭＢＡ並非人生旅途最初規劃的道路；然而，由於出版市場日益艱困與蕭條，再加上創業成立出版社並未成功，促使我這個社會科學背景的文人決心報考ＥＭＢＡ，一探商業管理之奧妙，學習經商之道，試著尋找轉型創新的方法。

很幸運地，我在二〇一六年四月考上政大ＥＭＢＡ，回到大學和碩士時期的母校展開全新的人生。這三年來，扎實的課程確實讓我這個文人眼界大開、收穫甚多，也協助我在進入ＥＭＢＡ之後轉型成立的「字裡行間工作室」站穩腳步、日益茁壯。

然而，入學之初看著課表上「創意、戲劇與管理」這門課時，我跟不少學長姊一樣，十分納悶政大EMBA為何要開設這門課。「不是進來學習商管知識嗎？為什麼要上戲劇課？」這是我初入政大EMBA時不斷質問自己的問題。儘管許多學長姊極力推薦這門課，但我就是比較鐵齒，還沒搞清楚「為什麼」之前，不會隨便被推入坑。而且，入學時正好是創業未成、人生徬徨的時刻，我急於充實商管知識，想要瞭解自己的創業過程到底出了什麼問題，實在也無心思考戲劇與管理之間的關聯性。

因此，進入EMBA的第一個學期，我並未跟著班上大多數同學一起選修這門課，即使有不少同學一直慫恿，我還是無動於衷。

入學大約一年後，在一次偶然的聚會場合遇到郎老師。郎老師耳聞我是專門協助出書的文字工作者，提到吳博士殷切期盼他和大熊老師將這門課的內容出版成冊，遂而詢問我能否協助。聽到郎老師這樣說，我當然一口答應；真是天賜良機，剛好讓我有機會得以解答心中埋藏甚久的納悶：「為什麼政大EMBA要開設戲劇課？」

那時手上還有其他工作，於是我跟郎老師約定好，當年年底開始採訪與撰稿。因此，從二〇一七年十二月起，除了密集訪談郎老師和大熊老師，整理他們的課程內容，還採訪了吳靜吉博士、吳思華老師、于卓民老師、黃家齊老師與黃秉德老師，也約訪了上過戲劇課的八位學長姊，直到二〇一八年四月底撰稿結束，總共耗時五個月。不過，這段期間其實穿插了另一項工作，飛去新加坡採訪一位遠嫁新加坡的資深台灣藝人，並且在一個月內寫完她的傳記。

採訪了這麼多老師和學長姊之後，終於解答了心中的困惑，也讓我興起選修這門課的念頭。於是在二〇一八年春季班，撰寫這本書的同時，我毫不猶豫地選了這門課，親身參與這場有關創意、領導，甚至療癒的盛宴，開啟了一段充滿創意與緣分的旅程。

上課過程中，除了這本書提及的各種肢體、表情、聲音等訓練，最重要的就是分組撰寫劇本，並且在秋賞中演出。我們這個團隊共有七人，四男三女。出於自身是文字工作者，恰好在撰寫這本書，較為熟悉課程內容，我也順勢成為團隊領導者與劇本撰寫者，帶著其他六人一起構思劇本，共同處理後續的排練事宜。

如同書中反覆強調的，這門政大EMBA特有的戲劇課非常重視每一位參與者的生命故事，各組劇本就是由生命故事組合而成，這就是戲劇與創意的結合之處。然而，究竟是以一個人的故事為主軸，或是揉合多人的故事，甚至分段演出每個人的故事，需要團隊腦力激盪並形成共識。因此，碰面討論劇本大綱之前，我先請團隊成員各自在LINE群組中寫下此生最為難忘或最關鍵的事件，提供給所有人腦力激盪。

身為團隊領導者，我率先寫下最刻苦銘心的一件事，也就是父親驟逝帶給我的傷痛，沒想到引發了連鎖反應，另外三位學長所寫的也都與父親過世有關。這個團隊就這麼四個中年男子，四人的父親竟然都過世了，也都各自有一個兒子（但不是都有女兒）。於是，驚人的巧合開始將我們的劇本帶往「父與子」這樣的主題。

後來大家在群組中「喇低賽」時，赫然發現四個大叔又存在著另一個嚇死人的巧合：儘管分屬不同的時間與地點，我們四人竟然都在海軍服役！海軍人數很少，在我們服兵役那個年代，大約僅占國軍總人數十分之一。這麼低的比例都會被我們碰到，除了相信緣分，還能說什麼呢？

於是，當我們碰面討論時，劇本就往「父與子」和「海軍」這兩個主軸展開了。討論當天剛好有一位學長無法到場，僅僅透過他提供的文字敘述，實在無法清楚瞭解他們父與子的故事詳情；再加上演出時間有所限制，我們只好捨棄這位學長的故事，採用其他兩位學長和我的故事為整齣戲的主軸。

為了串起三人各自獨立的故事，我們虛擬了二十年前都在同一單位服役，退伍後各奔東西，失去聯絡，卻在二十年後出席昔日同僚的告別式而久別重逢，於是在告別式結束後進入一家咖啡館敘敘舊。然後，出席告別式的感嘆觸發了生離死別的感傷，進而帶出屬於我們三人的真實故事：面臨父親驟逝的傷痛時，我很慶幸當初決定放棄留在國外攻讀博士，讓父親在意外過世的前十年享有含飴弄孫的晚年。而另一位學長聽到我的「慶幸」時，悔恨交加、懊悔不已，因為他連「慶幸」的機會都沒有，父親就心肌梗塞過世了，徒留他心中無盡的遺憾。

編寫劇本時，我刻意讓整齣戲在這一段走到最悲痛低迷的氛圍，然後展開最後一位主角的故事。這時我們不再描繪失去父親的悲痛，反而著墨在這個單親爸爸與兒子相依為命的深厚感情，將整齣戲帶回溫馨結局，不讓現場觀眾一路悲傷到底。

最初的劇情安排確實要在溫馨氛圍下結束，因為我們各自安排了兒子在最後一刻上台擁抱。不過，計畫總是趕不上變化，演出前幾週，另外兩位學長的兒子確定無法到場。在這種情況下，只剩我兒子上場也怪怪的，只好臨時修改結局，卻也意外擦出更戲劇性的火花。

我們原本就採用五月天的《突然好想你》做為劇終配樂，藉此表達思父之情。

當我邊聽著這首歌邊思考如何修改結局時，可能平常幫客戶寫故事寫多了，腦海中突然迸出一個讓溫馨結局急遽轉折的點子；雖然我不知道最後演出時到底讓多少觀眾因此淚崩，但是確實刻意朝著這個方向修改劇本。在劇本的最後一段，我走向站在舞台中央的另兩位主角，對著他們說：

命運真是捉弄人，退伍二十年，沒想到我們三人的父親都過世了，也都各自有個兒子。這些年來，我們都歷經了感傷與懊悔，也都承載了父親對我們的期望。從現在起，我們要忘掉悲傷，好好陪著家人，走向人生未知的旅途。

可是，老爸，有時候，我還是會突然好想你……

演出到這個時刻，我的聲音是哽咽的，眼眶也盡是淚水。

二〇一三年，我自己的出版社出版了美國心理學家肯恩・卓克（Ken Druck）的《人生的真實準則》（The Real Rules of Life），當時就是透過這本書療癒父親驟逝帶給我的傷痛。然而，誠如書中提到的兩條準則：「療癒沒有捷徑，讓該來的來，該去的才能真正過去。『畫下句點』只是迷思，療癒是一輩子的事。」我自己很清楚，這段傷痛雖然會隨著時間慢慢減緩，卻會跟著我一輩子，很難透過閱讀一本書或演出一場戲就讓傷痛「畫下句點」。

不過，也正是因為這本書提到的另一條準則：「發洩情緒才能解脫，不再因情緒波動而自責。」我才有勇氣站在舞台上赤裸裸地宣洩傷痛、面對傷痛，透過這樣的方式進行這場永無止盡的療癒。

感謝上天給我機會進入政大ＥＭＢＡ，讓我有幸認識吳博士、郎老師和大熊老師，選修了這門別具特色的戲劇課。感謝郎老師給我機會參與撰寫《上一堂ＥＭＢＡ戲劇課》，讓我有幸更加深入瞭解戲劇對創意與領導的莫大功效。感謝大熊老師協助我將劇本編寫得更完美，悉心指導我們這個團隊登台演出時的各個細節。最後，當然也要感謝我們這個團隊的其他六名成員，同心協力將這場三個中年大叔的療傷之旅完美呈現在觀眾面前，洗滌了在場每個人的眼眶與心靈。

一〇五級文科資創組　郭顯煒

上一堂EMBA戲劇課

學會創意領導、展現團隊合作，一窺全球頂尖商學院培育優秀領導人的方法

作　　者　劉長灝、郎祖明
採訪撰稿　郭顯煒
特約編輯　洪芷霆
封面設計　Bert Design
內頁排版　陳姿秀
行銷企劃　林芳如
行銷統籌　駱漢琦
業務發行　邱紹溢
業務統籌　郭其彬
責任編輯　賴靜儀
副總編輯　何維民
總 編 輯　李亞南
發 行 人　蘇拾平
出　　版　漫遊者文化事業股份有限公司
地　　址　台北市松山區復興北路 331 號 4 樓
電　　話　(02) 27152022
傳　　真　(02) 27152021
讀者服務信箱　service@azothbooks.com
漫遊者書店　www.azothbooks.com
漫遊者臉書　www.facebook.com/azothbooks.read
劃撥帳號　50022001
劃撥戶名　漫遊者文化事業股份有限公司
發　　行　大雁文化事業股份有限公司
地　　址　台北市松山區復興北路 333 號 11 樓之 4

初版一刷　2019 年 9 月
定　　價　台幣 420 元
I S B N　978-986-489-359-1

國家圖書館出版品預行編目 (CIP) 資料

上一堂 EMBA 戲劇課 : 學會創意領導、展現團隊合作 , 一窺全球頂尖商學院培育優秀領導人的方法 / 劉長灝 , 郎祖明著 . -- 初版 . -- 臺北市 : 漫遊者文化出版 : 大雁文化發行 , 2019.09

256 面 ; 14.8×21 公分

ISBN 978-986-489-359-1(平裝)

1. 企業管理 2. 企業領導 3. 組織管理

494　　108014045